新质生产力下的AIGC
辅助设计系列教材

After Effects
影视后期制作与AIGC 辅助设计

汪 可 杨万红 主 编
郑培城 宋 熙 周文吉米 吴 晓 副主编

清华大学出版社
北京

内 容 简 介

本书顺应新时代背景下 AIGC 蓬勃发展的趋势，深度整合 After Effects 知识和 AIGC 技术，引领读者将经典影视后期软件 After Effects 和 AIGC 有机结合，步入一个崭新、高效的设计工作情境。

本书分为 3 个篇章。第 1 篇（第 1 章）是 AIGC 应用基础，读者可以熟悉 AIGC 技术基础知识和其相关应用领域，为在设计工作中运用 AIGC 打下基础；第 2 篇（第 2～8 章）介绍 After Effects 系统操作，帮助读者全面掌握 After Effects 操作技巧，并介绍融入 AIGC 以提升制图效率；第 3 篇（第 9～10 章）介绍 After Effects 与 AIGC 技术的综合应用，在案例制作的多个阶段使用 AIGC 技术辅助设计人员实现更佳的表现效果。

作者专门为本书提供了多媒体教学资源和一系列高清录制的教学视频，内容覆盖所有重难点，能帮助读者更直观地学习，可大幅提高学习兴趣和效率。

本书内容全面，案例丰富，结构严谨，深入浅出，适合数字媒体、动漫制作、广告制作和相关专业从业人员阅读，也可作为大中专院校及培训机构的教材。

本书封面贴有清华大学出版社防伪标签，无标签者不得销售。
版权所有，侵权必究。举报：010-62782989，beiqinquan@tup.tsinghua.edu.cn。

图书在版编目（CIP）数据

After Effects影视后期制作与AIGC辅助设计 / 汪可, 杨万红主编.
北京：清华大学出版社, 2025.4.(新质生产力下的AIGC辅助设计系列教材).
ISBN 978-7-302-68554-8

Ⅰ. TP391.413
中国国家版本馆CIP数据核字第2025VF5700号

责任编辑：李玉茹
封面设计：李 坤
责任校对：鲁海涛
责任印制：沈 露

出版发行：清华大学出版社
    网　　址：https://www.tup.com.cn, https://www.wqxuetang.com
    地　　址：北京清华大学学研大厦A座　　　邮　　编：100084
    社 总 机：010-83470000　　　　　　　　邮　　购：010-62786544
    投稿与读者服务：010-62776969, c-service@tup.tsinghua.edu.cn
    质量反馈：010-62772015, zhiliang@tup.tsinghua.edu.cn
印 装 者：三河市君旺印务有限公司
经　　销：全国新华书店
开　　本：185mm×260mm　　　印　　张：18.5　　　字　　数：450千字
版　　次：2025年6月第1版　　　印　　次：2025年6月第1次印刷
定　　价：69.00元

产品编号：110246-01

前 言

在数字创意与视觉效果的浩瀚星空中，Adobe After Effects 犹如一颗璀璨的明星，以其无与伦比的强大功能和无限创意潜力，引领着影视后期制作的潮流。作为业界公认的标准级视频特效与合成软件，After Effects 不仅为电影、电视、广告、动画等领域的创作者提供了丰富的工具，更以其灵活多变的操作方式和深度定制的能力，成为设计师探索视觉艺术世界的得力助手。

随着科技的飞速发展，特别是近年来人工智能、机器学习等前沿技术的不断突破，视觉创作领域正经历着前所未有的变革。AIGC（人工智能生成内容）技术的兴起，更是为这一领域注入了新的活力。然而，在这股技术浪潮中，After Effects 的地位非但没有被削弱，反而因其深厚的底蕴和广泛的用户基础，成为了连接传统创作技术与新兴 AI 技术的桥梁。

After Effects 之所以能够在如此多变的环境中屹立不倒，其根本在于其强大的灵活性和可扩展性。无论是简单的视频剪辑、色彩校正，还是复杂的特效合成、三维动画制作，After Effects 都能以其专业的功能和直观的界面，满足设计师们的各种需求。更重要的是，通过不断更新插件和预设，After Effects 能够紧跟技术发展的步伐，将最新的创意工具融入创作流程中，帮助设计师实现前所未有的视觉效果。

面对 AIGC 技术的挑战与机遇，After Effects 展现出了其独特的应对策略。一方面，它积极拥抱 AI 技术，通过集成智能分析、自动追踪等功能，提升创作效率和质量；另一方面，它坚持维护其作为专业创作平台的核心价值，鼓励设计师发挥主观能动性，探索个性化的创意表达。这种既拥抱创新又坚守传统的态度，使得 After Effects 在 AIGC 时代依然保持着强大的竞争力和影响力。

在本书中，我们将深入剖析 After Effects 的各项功能和技术特点，结合实际案例和创作经验，为读者提供一套全面、实用的学习指南。我们旨在通过系统的讲解和实战演练，帮助读者掌握 After Effects 的核心技能，激发创作灵感，提升视觉设计水平。同时，我们也将关注 AIGC 技术的发展趋势，探讨其与 After Effects 的融合应用，为设计师打开更广阔的创作空间。

我们相信，通过不懈的努力和探索，After Effects 将继续在视觉创作领域发挥重要作用，为设计师带来更加丰富多彩的创意体验。而本书也将成为您在这一旅程中的亲密伙伴，陪伴您共同成长，共创辉煌。

本书配套资源

为了方便读者高效学习，本书专门提供以下学习资料。
- 同步教学视频。
- 同步教学课件（教学 PPT）。
- 本书中使用的素材文件。

这些学习资料需要读者扫描以下二维码获取。

Stable Diffusion 安装包　　　视频　　　素材　　　课件、教案

本书特色

1. 全面覆盖 After Effects 知识体系

本书全面而系统地介绍了 Adobe After Effects 软件的基础知识与高级应用技巧，从界面布局到复杂特效制作，深入剖析了 After Effects 2022 的核心功能模块。我们注重理论与实践相结合，通过详尽的讲解和丰富的实例，帮助读者逐步构建起扎实的 After Effects 知识体系，确保读者能够熟练掌握软件的各种操作，并在实际工作中游刃有余。

2. AIGC 技术在 After Effects 中的前沿应用

鉴于 AIGC（人工智能生成内容）技术的快速发展，本书特别增设了 AIGC 在 After Effects 中应用的章节。我们深入探讨了 AIGC 技术的原理，并详细讲解了如何在 After Effects 中集成和使用热门 AIGC 工具，如智能追踪、自动抠像等，通过实战案例展示 AIGC 如何助力设计师提升工作效率，创造出前所未有的视觉效果。

3. 实战导向的行业案例解析

本书精选了多个来自影视、广告、动画等领域的实战案例，涵盖了 After Effects 在特效合成、动画制作、色彩校正等方面的广泛应用。通过详细分析每个案例的设计思路、技术难点及解决方案，帮助读者积累宝贵的实战经验，提升解决实际问题的能力。

4. 深度知识拓展与创意启发

在每个关键知识点和创意环节，本书都配备了丰富的知识拓展内容。这些拓展不仅帮助读者深入理解技术细节，还通过行业前沿动态、创意技巧分享等方式，激发读者的创新思维，鼓励其在掌握基础技能的基础上，勇于探索新的创作领域。

5. 高清视频教程与互动学习体验

为了提升学习效果，本书配套了高清视频教学资源。这些视频教程全面覆盖了书中的操作步骤和实战案例，采用直观的操作演示和详细的讲解，让读者能够随时随地跟随视频进行学习。同时，我们还提供了互动学习平台，方便读者与讲师和其他学习者交流心得，共同进步。

本书作者

本书由汪可编写，杨万红、宋熙、郑培城、周文吉米、吴晓等也参与了部分编写工作。

虽然在本书编写过程中力求严谨细致，但由于水平和时间的限制，书中难免存在疏漏之处，恳请广大读者批评指正。

本书内容

第一章　AIGC 技术与 Stable Diffusion

介绍了 AIGC 的概念、工具，Stable Diffusion 的安装流程、配置需求、部署方法、文生图功能、图生图功能以及拓展功能，辅以课堂练习帮助读者初步掌握实际操作。

第二章　Adobe After Effects 2022 基础操作——初识视频制作

本章主要介绍了 Adobe After Effects 2022 的工作界面和工作区，并介绍了一些基本的操作，帮助用户熟悉这款软件，为视频制作打下坚实基础，开启视觉创意之旅。

第三章　关键帧动画——让静止的图像动起来

本章详细介绍了关键帧在视频动画中的创建、编辑和应用，以及与关键帧动画相关的动画控制功能。关键帧部分包括关键帧的设置、选择、移动和删除。高级动画控制部分包括时间控制、动态草图等，使用这些设置可制作出更复杂的动画效果，而运动跟踪技术更是制作高级效果所必备的技术。

第四章　蒙版——画面蒙太奇

蒙版作为视频编辑中的艺术工具，赋予了画面蒙太奇的无限创意。通过精细绘制或应用预设形状，蒙版能精准控制视频中的显示区域，实现图像叠加、过渡效果及局部调整。掌握蒙版技术，就像手握一把魔法钥匙，能解锁画面叙事的新境界，让视频作品充满层次感与视觉冲击力。

第五章　3D 图层与摄像机——让视频也有三维空间

掌握 Adobe After Effects 中的 3D 图层与摄像机功能，能让视频作品跃然屏上，拥有震撼的三维视觉效果。通过调整图层深度、旋转摄像机角度，能轻松构建立体场景，增强视觉冲击力。无论是创意广告还是电影特效，这一技术都将为视频创作带来无限灵感与可能。

第六章 扭曲与透视特效——展开的历史画卷

本章深入探索 Adobe After Effects 中的扭曲与透视特效，解锁图片创作的无限可能。从奇幻的视觉效果到令人惊叹的场景转换，每一步操作都引领读者踏入视觉盛宴。结合 AIGC 技术，能让历史画卷在指尖缓缓展开，动态重现往昔辉煌，使创意与历史在数字世界中交融碰撞，开启前所未有的视觉叙事新篇章。

第七章 颜色校正与键控——视频合成高级技巧

在影视制作中，处理图像时经常需要对图像的颜色进行调整，而色彩的调整主要是通过对图像的明暗、对比度、饱和度以及色相等的调整，来达到改善图像质量的目的，从而更好地控制影片的色彩信息，制作出更加理想的视频画面效果。抠像是利用一定的特效对素材进行整合的一种手段，在 After Effects 中专门提供了抠像特效。

第八章 虚拟与现实的结合——3D 摄像机跟踪

本章通过介绍摄像机跟踪特效分析二维画面来创建虚拟的 3D 摄像效果，与原型相匹配。我们可以通过这些数据来添加 3D 对象，并为这些 3D 对象添加光照效果，使场景更加逼真。

第九章 综合案例——《大美中国》片头设计

本章通过介绍使用 AIGC 绘图工具 Stable Diffusion，帮助设计师在多个方面提升工作效率和创作质量。通过创建青绿山水的素材，可以为设计师快速生成设计参考，激发新的设计灵感。通过训练 Lora 模型控制生成元素效果或形态，可以实现相对定制化的视觉需求。

第十章 课程设计与实践——将理论转化为实战

本章利用前面所学的知识打造一部赛博朋克风格的校园短片。通过本章的案例创作，可将理论转化为实战，将色彩校正、合成特效等理论技巧融入创作，让创意在校园光影中绽放赛博魅力。

目 录

第1篇　AIGC 应用基础

第 1 章　AIGC 技术与 Stable Diffusion 3

1.1　AIGC 与 Stable Diffusion 辅助设计概述 4
　　1.1.1　AIGC 的概念与 AIGC 工具 4
　　1.1.2　Stable Diffusion 概述 5
　　1.1.3　Stable Diffusion 的应用领域 6
　　1.1.4　Stable Diffusion 的设计辅助 7

1.2　Stable Diffusion 的安装 10
　　1.2.1　安装配置需求 10
　　1.2.2　本地安装部署 11
　　1.2.3　云部署 13

1.3　Stable Diffusion 的常用功能 14
　　1.3.1　文生图 14
　　1.3.2　图生图 20
　　1.3.3　拓展功能 25

课堂练习——Stable Diffusion 大模型的安装 28

第2篇　After Effects 系统操作

第 2 章　Adobe After Effects 2022基础操作——初识视频制作 ...33

案例精讲——海报文字 34

2.1　After Effects 2022 的工作界面 36
2.2　After Effects 2022 的工作区及工具栏 36
　　2.2.1　【项目】面板 37
　　2.2.2　【合成】面板 38
　　2.2.3　【图层】面板 41
　　2.2.4　【时间轴】面板 42
　　2.2.5　工具栏 42
　　2.2.6　【信息】面板 42
　　2.2.7　【音频】面板 42
　　2.2.8　【预览】面板 43
　　2.2.9　【效果和预设】面板 43
　　2.2.10　【流程图】面板 44
2.3　界面的布局 44
2.4　设置工作界面 45
　　2.4.1　改变工作界面中面板的大小 45
　　2.4.2　浮动或停靠面板 46
　　2.4.3　自定义工作界面 47
　　2.4.4　删除工作界面 48

课堂练习——为工作界面设置快捷键 49

2.5　项目操作 49
　　2.5.1　新建项目 49
　　2.5.2　打开已有项目 50
　　2.5.3　保存项目 51
　　2.5.4　关闭项目 52
2.6　合成操作 52
　　2.6.1　新建合成 52
　　2.6.2　合成的嵌套 53
2.7　在项目中导入素材 54
　　2.7.1　导入素材的方法 54

课堂练习——导入单个素材文件 54

课堂练习——导入多个素材文件 55

课堂练习——导入序列图片 56

2.7.2　导入 Photoshop 文件 56

　课后项目练习——导入 PSD 分层素材 58

第 3 章　关键帧动画——让静止的图像动起来 61

　案例精讲——科技信息展示 62

　3.1　关键帧的概念 68
　3.2　关键帧基础操作 69
　　　3.2.1　位置设置 69
　　　3.2.2　创建图层位置关键帧动画 70
　　　3.2.3　创建图层缩放关键帧动画 70
　　　3.2.4　创建图层旋转关键帧动画 71
　　　3.2.5　创建图层淡入动画 72

　课堂练习——利用关键帧制作不透明动画 72

　3.3　编辑关键帧 75
　　　3.3.1　选择关键帧 75
　　　3.3.2　移动关键帧 76
　　　3.3.3　复制关键帧 77
　　　3.3.4　删除关键帧 77
　　　3.3.5　改变显示方式 78
　　　3.3.6　关键帧插值 78
　　　3.3.7　使用关键帧辅助 80
　　　3.3.8　速度控制 82
　　　3.3.9　时间控制 83
　　　3.3.10　动态草图 84

　课后项目练习——点击关注动画 85

第 4 章　蒙版——画面蒙太奇 87

　案例精讲——摩托车展示效果 88

4.1 认识蒙版 94
4.2 创建蒙版 94
4.2.1 使用矩形工具创建蒙版 94
4.2.2 使用圆角矩形工具创建蒙版 95
4.2.3 使用椭圆工具创建蒙版 95
4.2.4 使用多边形工具创建蒙版 96
4.2.5 使用星形工具创建蒙版 96
4.2.6 使用钢笔工具创建蒙版 96
4.3 编辑蒙版形状 97
4.3.1 选择顶点 97
4.3.2 移动顶点 98
4.3.3 添加/删除顶点 98
4.3.4 顶点的转换 99
4.3.5 蒙版羽化 100
4.4 【蒙版】属性设置 100
4.4.1 锁定蒙版 100
4.4.2 蒙版的混合模式 101
4.4.3 反转蒙版 102
4.4.4 蒙版路径 102

课堂练习——照片剪切效果 103

4.4.5 蒙版羽化 105
4.4.6 蒙版不透明度 105

课堂练习——图像切换效果 106

4.4.7 蒙版扩展 107
4.5 多蒙版操作 108
4.5.1 多蒙版的选择 108
4.5.2 蒙版的排序 109
4.6 遮罩特效 109
4.6.1 调整实边遮罩 110
4.6.2 调整柔和遮罩 111
4.6.3 mocha shape 112
4.6.4 遮罩阻塞工具 113
4.6.5 简单阻塞工具 113

课后项目练习——手写文字动画 114

第 5 章　3D 图层与摄像机——让视频也有三维空间 119

案例精讲——产品展示效果 120

5.1 了解 3D 122
5.2 三维空间合成的工作环境 122
5.3 坐标体系 123
5.4 3D 图层的基本操作 124
　　5.4.1 创建 3D 图层 124
　　5.4.2 移动 3D 图层 124
　　5.4.3 缩放 3D 图层 125
　　5.4.4 旋转 3D 图层 125
　　5.4.5 【材质选项】属性 125
　　5.4.6 3D 视图 127
5.5 灯光的应用 129
　　5.5.1 创建灯光 130
　　5.5.2 灯光类型 130
　　5.5.3 灯光的属性 131

课堂练习——立体投影效果 132

5.6 摄像机的应用 135
　　5.6.1 参数设置 136
　　5.6.2 使用工具控制摄像机 137

课后项目练习——倒影效果 138

第 6 章　扭曲与透视特效——展开的历史画卷 143

案例精讲——水面波纹效果 144

6.1 扭曲特效 145
　　6.1.1 CC Bend It（CC 两点扭曲）特效 145
　　6.1.2 CC Bender（CC 弯曲）特效 146
　　6.1.3 CC Blobbylize（CC 融化溅落点）特效 146
　　6.1.4 CC Flo Motion（CC 液化流动）特效 148
　　6.1.5 CC Griddler（CC 网格变形）特效 148

  6.1.6 CC Lens（CC 透镜）特效 149

  6.1.7 CC Page Turn（CC 卷页）特效 150

  6.1.8 CC Power Pin（CC 动力角点）特效 150

  6.1.9 CC Ripple Pulse（CC 涟漪扩散）特效 151

  6.1.10 CC Slant（CC 倾斜）特效 152

  6.1.11 CC Smear（CC 涂抹）特效 152

  6.1.12 CC Split（CC 分割）特效与 CC Split 2（CC 分割 2）特效 153

  6.1.13 CC Tiler（CC 平铺）特效 153

  6.1.14 【贝塞尔曲线变形】特效 154

  6.1.15 【边角定位】特效 154

  6.1.16 【变换】特效 155

  6.1.17 【变形】特效 156

  6.1.18 【变形稳定器】特效 156

  6.1.19 【波纹】特效 158

  6.1.20 【波形变形】特效 158

  6.1.21 【放大】特效 159

  6.1.22 【改变形状】特效 160

  6.1.23 【光学补偿】特效 160

  6.1.24 【果冻效应修复】特效 161

  6.1.25 【极坐标】特效 161

  6.1.26 【镜像】特效 162

  6.1.27 【偏移】特效 162

  6.1.28 【球面化】特效 163

  6.1.29 【凸出】特效 163

  6.1.30 【湍流置换】特效 164

  6.1.31 【网格变形】特效 165

  6.1.32 【旋转扭曲】特效 165

  6.1.33 【液化】特效 166

  6.1.34 【置换图】特效 168

  6.1.35 【漩涡条纹】特效 168

6.2 透视特效 169

  6.2.1 【3D 摄像机跟踪器】特效 169

  6.2.2 【3D 眼镜】特效 170

  6.2.3 CC Cylinder（CC 圆柱体）特效 171

  6.2.4 CC Sphere（CC 球体）特效 172

  6.2.5 CC Spotlight（CC 聚光灯）特效 172

  6.2.6 【边缘斜面】特效 173

6.2.7 【径向阴影】特效 174
　　6.2.8 【投影】特效 174
　　6.2.9 【斜面Alpha】特效 175

课后项目练习——展开的历史画卷 175
　　教材思政内容分析 179

第7章 颜色校正与键控——视频合成高级技巧 181

案例精讲——怀旧照片效果 182

7.1 颜色校正特效 187
　　7.1.1　CC Color Offset（CC色彩偏移）特效 187
　　7.1.2　CC Color Neutralizer（CC彩色中和器）特效 188
　　7.1.3　CC Kernel（CC内核）特效 188
　　7.1.4　CC Toner（CC调色）特效 189
　　7.1.5　【PS任意映射】特效 189
　　7.1.6　【保留颜色】特效 190
　　7.1.7　【更改为颜色】特效 190

课堂练习——替换衣服颜色 191
　　7.1.8　【更改颜色】特效 192
　　7.1.9　【广播颜色】特效 193
　　7.1.10　【黑色和白色】特效 193
　　7.1.11　【灰度系数/基值/增益】特效 194
　　7.1.12　【可选颜色】特效 195
　　7.1.13　【亮度和对比度】特效 195
　　7.1.14　【曝光度】特效 195
　　7.1.15　【曲线】特效 196
　　7.1.16　【三色调】特效 197
　　7.1.17　【色调】特效 197
　　7.1.18　【色调均化】特效 197
　　7.1.19　【色光】特效 198
　　7.1.20　【色阶】特效 199
　　7.1.21　【色阶（单独控件）】特效 200
　　7.1.22　【色相/饱和度】特效 200

	7.1.23 【通道混合器】特效	203
	7.1.24 【颜色链接】特效	203
	7.1.25 【颜色平衡】特效	204
	7.1.26 【颜色平衡（HLS）】特效	205
	7.1.27 【颜色稳定器】特效	205
	7.1.28 【阴影/高光】特效	206
	7.1.29 【照片滤镜】特效	206
	7.1.30 【自动对比度】特效	207
	7.1.31 【自动色阶】特效	208
	7.1.32 【自动颜色】特效	208
	7.1.33 【自然饱和度】特效	208
	7.1.34 【Lumetri 颜色】特效	209

7.2 键控特效 ... 210

- 7.2.1 CC Simple Wire Removal（擦钢丝）特效 ... 210
- 7.2.2 Keylight（1.2）特效 ... 210
- 7.2.3 【差值遮罩】特效 ... 211
- 7.2.4 【亮度键】特效 ... 212
- 7.2.5 【内部/外部键】特效 ... 212
- 7.2.6 【提取】特效 ... 213
- 7.2.7 【线性颜色键】特效 ... 214
- 7.2.8 【颜色差值键】特效 ... 215
- 7.2.9 【颜色范围】特效 ... 216
- 7.2.10 【颜色键】特效 ... 217

课堂练习——黑夜蝙蝠动画 ... 218

- 7.2.11 【溢出抑制】特效 ... 219

课后项目练习——唯美清新色调 ... 220

第 8 章 虚拟与现实的结合——3D 摄像机跟踪 ... 225

案例精讲——雷雨效果 ... 226

8.1 关于跟踪摄像机特效 ... 226
8.2 开始准备工作 ... 226

- 8.2.1 导入素材 ... 227

	8.2.2 创建合成	227
8.3	素材跟踪	228
8.4	创建平面、摄像机和文本	230
8.5	创建音乐播放器	232
	8.5.1 音频预合成	232
	8.5.2 文本制作	234
	8.5.3 开启 3D 图层	234
	8.5.4 制作播放时间轴	237
	8.5.5 控制时间轴	239
	8.5.6 时间表达式	241
	8.5.7 播放器的检查	242
8.6	三维物体置入跟踪摄像机	243
8.7	创建真实的阴影	245
8.8	增加环境光	247
8.9	调整摄像机景深	248
8.10	画面统一调整	248

课后项目练习——自行拍摄素材 250

第 3 篇　After Effects 与 AIGC 技术综合应用

第 9 章　综合案例——《大美中国》片头设计 253

9.1	在 SD 中生成素材	254
	9.1.1 提示词的输入	254
	9.1.2 素材处理	255
9.2	制作群山镜头	256
9.3	制作水波纹理	260
9.4	月亮与倒影	263
9.5	氛围的营造	265
9.6	合成文字	267

课后项目练习——用 AIGC 创建素材 270

9.7	教材思政内容分析	270

第 10 章　课程设计与实践——将理论转化为实战 271

10.1　课程设计目标与要求 272
10.1.1　校园里的赛博朋克 272
10.1.2　制作要求 272
10.1.3　课程目标 273
10.1.4　课程要求 274

10.2　设计流程与实践 275
10.2.1　设计流程 275
10.2.2　拍摄方案与预期效果 276
10.2.3　运用 AIGC 创建赛博朋克元素 278

10.3　课程设计总结与反思 279
10.4　课程思政 280

本篇主要介绍 AIGC 的概念、常见 AIGC 工具的类型和热门 AIGC 工具——Stable Diffusion 的安装和基本操作。通过对本篇内容的学习,读者可以熟悉 AIGC 技术和其相关应用领域,为 AIGC 在设计工作中的运用打下基础。

第 1 章

AIGC 技术与 Stable Diffusion

内容导读

随着 AIGC 技术的发展，"AIGC+设计"的潜力越来越受到设计行业从业者的关注。在 AIGC 的参与下，许多设计师的设计方式，甚至是工作模式正在悄然发生着改变。本章将介绍 AIGC 技术的基础和实操，以帮助读者领会将 AIGC 应用到工作之中的方法。

1.1 AIGC 与 Stable Diffusion 辅助设计概述

随着 AIGC 技术的发展，"AIGC+ 设计"的潜力越来越受到设计行业从业者的关注。作为没有基础但希望快速掌握 AIGC 技术的学习者，首先需要从了解其概念和相关的工具开始。

1.1.1 AIGC 的概念与 AIGC 工具

在当今时代，每一次科技的跃迁都如同流星划过夜空，璀璨且令人期待。特别是近两年来，国内外人工智能（Artificial Intelligence，AI）技术飞速发展，它逐渐具备数据分析、理解、推理甚至决策的能力，也越来越走近人们的生活，因此 AIGC 的概念也应运而生。AIGC(Artificial Intelligence Generated Content) 中文翻译即"人工智能生成内容"，其在设计工作中的应用可以为设计创意增添飞翔的羽翼。

目前，对 AIGC 这一概念的界定，尚无统一规范的定义。根据中国信息通信研究院 2022 年 9 月发布的《人工智能生成内容（AIGC）白皮书》，国内产学研各界对于 AIGC 的理解是"继专业性生成内容(Professional Generated Content，PGC) 和用户生成内容 (User Generated Content，UGC) 之后，利用人工智能技术自动生成内容的新型生产方式"。

AIGC 技术飞速发展，同时悄然引导着一场深刻的变革，也正在重塑甚至颠覆数字内容的生产方式和消费模式。作为设计行业从业者，我们可以利用 AIGC 工具，依据输入的条件或下达的指令，生成与之对应的内容。例如，通过输入一段语言描述、关键词或脚本信息，AIGC 可以生成与之相匹配的文章、图像、音频、视频等。合理运用 AIGC 工具，将在很大程度上提升我们工作和学习的效率。

图 1-1 所示为 AIGC 创意作品——《太空歌剧院》，作者是杰森·艾伦（Jason Allen）。《太空歌剧院》这幅作品主要是由 AIGC 工具完成创作的，获得了美国科罗拉多州数字艺术比赛的一等奖，打败了众多以传统创作方式参赛的选手。这个案例充分证明了 AIGC 工具的创作能力和其广阔的应用前景。

图 1-1

> **知识拓展** 能为设计工作赋能的 AIGC 工具
>
> 在生成式人工智能领域,与设计创作紧密相关的 AIGC 工具众多,不同 AIGC 工具的开放程度、性能、适用场景也有区别。其中被公认为性能优越、拥有用户群较多的主流 AIGC 工具包括 ChatGPT、DALL-E、Midjourney、Stable Diffusion 等。同时,国内也有一些较优的 AIGC 工具,如文心一格、通义万相、智谱清言、Kimi 等,合理使用它们可以为设计创作提供帮助。

1.1.2 Stable Diffusion 概述

Stable Diffusion 简称 SD,是一种具有开源特点的 AIGC 绘画工具,它允许用户在本地设备上进行图形图像的加工和输出。其核心开发者来自德国慕尼黑大学研究团队,开发过程中同时得到了 Stability AI 等机构的支持。Stable Diffusion WebUI 作为一款在浏览器上运行的程序,以其友好的用户界面、跨平台兼容性、实时更新与社区支持、丰富的教育资源等特点在 AI 绘画的普及和 AI 的商业化应用中扮演了跨时代的角色,让普通用户能真切感受到 AI 绘画的无限魅力与可能性。

相较于其他同类 AIGC 工具,Stable Diffusion 具备以下显著特性。

1. 开源免费性

Stable Diffusion 作为开源绘画工具,用户无须支付费用或购买会员即可使用其强大的图像生成能力,这在许多同类 AIGC 工具中是比较少见的。

2. 使用方便性

由于开源性质,Stable Diffusion 的模型及插件资源易于获取,且能适应多种网络环境,包括支持单机免费使用。国内外有许多平台提供专业的 SD 模型和资源,使得用户获取和使用资源变得十分便捷。

3. 功能丰富性

除了基本的文字转图像功能,SD 还能对已有的图片进行编辑和二次创作,并能通过集成的一系列工具支持后期处理工作。随着用户和贡献者群体的不断壮大,SD 在用户体验、资源优化和新功能开发方面具有不断提升的潜力。

4. 强大的可控性

用户可以通过专业人士提供的整合包,利用 WebUI 浏览器交互界面来操作 Stable Diffusion。该界面经过专业设计与打包,提供了简单易用的安装方式、直观的操作界面和稳定的运行性能,极大地提升了用户使用体验。

综上所述,Stable Diffusion 凭借其独特的技术架构、开源性、便捷性、丰富的功能集以及良好的用户可控性,在 AIGC 领域展现出显著的市场价值和竞争优势。

知识拓展　Stable Diffusion 的工作原理

　　Stable Diffusion 的基本工作原理是通过模拟扩散过程来生成类似于训练数据的新数据。对扩散模型背后技术细节的理解需要相应专业基础，而探索这些细节并不是本书的重点，因此这里仅为读者简要介绍扩散模型的工作过程，其主要分为以下几个步骤。

　　（1）初始化：给定一个原始数据集，例如图像、文本或其他类型的数据。

　　（2）扩散过程：在扩散过程中，模型会将数据逐渐地向原始数据集的中心值靠近。

　　（3）生成新数据：在扩散过程结束后，模型会生成一个新的数据样本，这个样本具有与原始数据集相似的特征。

　　（4）反向扩散过程：反向扩散过程可以使生成的数据更接近原始数据集的分布。

　　（5）重复和优化：提高生成数据的多样性和数据生成质量，最终通过解码器转化为最终的图像输出。

　　其原理如图 1-2 所示。

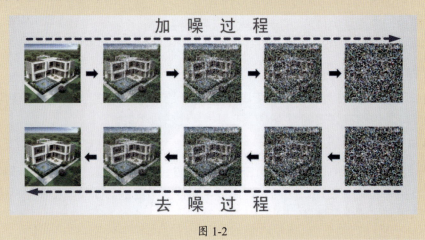

图 1-2

1.1.3　Stable Diffusion 的应用领域

　　通过前面对 Stable Diffusion 的介绍，我们已对其核心功能有了初步认识。那么，此款强大的 AIGC 工具能在哪些行业领域发挥作用呢？

　　下面对涉及 Stable Diffusion 应用较多的领域进行简要介绍。

1. 艺术创作

　　Stable Diffusion 可以帮助艺术家快速生成图像草稿、自动上色，或者根据现有线稿扩展出多种风格变体，有效地提供创意思路和设计参考，提升创作效率，使艺术家能更专注于艺术理念的提炼和细节的打磨。

2. 广告创意

利用 Stable Diffusion，可以短时间内生成大量具有新颖视觉效果和创意的广告素材，为广告设计人员提供多样化的视觉方案，这便于筛选、融合并最终确定最具市场吸引力的广告创意。

3. 游戏与动漫产业

Stable Diffusion 能够依据游戏设计师提供的概念描述或基础素材，自动生成多样化的角色形象、服装搭配及表情动作，加速角色设定的过程。同时还可用于场景构建，创造风格各异的游戏环境、背景、视觉元素等，为游戏增添细节和氛围感。

4. 工业设计

Stable Diffusion 能够根据客户需求生成家电、家居用品、工具设备等设计图，提供多种设计方案，满足客户个性化需求，助力设计师快速优化产品。

5. 建筑与室内设计

Stable Diffusion 可用于生成建筑平面和立面、室内装修布局、色彩搭配及家具布置方案，为设计师提供丰富的创意灵感，能让设计师更轻松、便捷地向客户展示方案，显著提高设计的效率。

> **知识拓展　未来的设计工作中 AI 会取代人类吗**
>
> 随着 Stable Diffusion 技术和资源不断迭代优化，其应用场景将进一步拓宽，有望在更多行业中发挥助推器的作用。然而，尽管 AI 在生成创意内容方面展现出巨大的潜力，作者团队认为，至少在相当长的一段时间内，艺术创意的核心——包括审美判断、情感表达、文化内涵的把握等这些依赖于人类的专业知识、独特视角和深度思考的部分，还需要专业设计师和工程师的参与和把握。因此，理想的人机协作模式应是 AI 人工智能与人类专家智慧的有机结合，其中 AI 负责高效生成海量创意，而人类专家运用专业素养和审美眼光筛选、优化以及赋予作品情感内涵和艺术灵魂，二者共同推动设计领域的发展与创新。

1.1.4　Stable Diffusion 的设计辅助

1. 基于文本描述的设计概念生成

Stable Diffusion 能够根据设计师输入的文字描述如"未来主义风格的智能手表"（见图 1-3）、"复古蒸汽朋克咖啡馆室内设计"（见图 1-4）生成相应的视觉概念图。

这些概念图可作为设计初期的灵感来源,帮助设计师快速捕捉设计灵感。通过 AIGC 的辅助,极大地提高了设计创意探索的效率。

图 1-3

图 1-4

2. 设计风格的调整与对比

设计师可以利用 Stable Diffusion 对特定设计元素进行实时调整与优化。例如,通过微调文本描述"暖色调现代简约客厅"(见图 1-5)为"冷色调现代简约客厅"(见图 1-6),系统可以立即生成新的图像信息,这能方便设计师对比不同色彩方案的效果。此外,还可以通过添加特定细节描述如"增加金色金属装饰元素"来细化设计。

图 1-5

图 1-6

3. 设计素材库的扩充

对于需要大量视觉素材的设计项目，如平面、室内设计类项目，Stable Diffusion 能够批量生成多样化的图形、图案、背景、空间等设计元素。这不仅扩大了设计师的选择范围，还能够节省寻找素材的时间和购买版权的成本，如图 1-7 所示。

图 1-7

4. 跨领域设计融合与创新

Stable Diffusion 擅长跨领域知识的融合，使得设计师能够轻松实现不同设计风格、文化元素、艺术流派之间的混搭与创新。例如，利用指令生成一幅具有"荷兰风格派与构成主义结合"（De stijl combined with Constitutionalism）风格的装饰画，即可输出独特的跨界设计概念，推动设计思维的扩展，如图 1-8 所示。

图 1-8

5. 实时客户沟通与反馈

在与客户沟通设计方案的过程中，设计师可以利用 Stable Diffusion 即时生成符合客户描述的设计草案，并直观地展示预期效果。这有助于提高沟通效率，确保设计成果精准契合客户需求。

综上所述，Stable Diffusion 作为一款强大的设计辅助工具，以其高效的文本到图像生成能力，广泛应用于设计概念生成、元素调整、素材库扩充、跨领域创新等多个方面，显著提升了设计工作的灵活性、创新性和效率。

1.2 Stable Diffusion 的安装

Stable Diffusion 的运行需要一定条件的硬件支持，计算机硬件配置的高低直接决定了其运行的稳定性和处理能力。良好的硬件配置可保证 Stable Diffusion 在处理复杂图像生成任务时能够高效、稳定地运行，并具备一定的扩展性，能应对未来可能的模型升级或更高级别的使用场景。

1.2.1 安装配置需求

Stable Diffusion 的配置没有固定标准，基于保证基础使用和流畅使用要求的配置，可参考图 1-9。

最低配置：	推荐配置：
操作系统：无硬性要求	操作系统：Windows 10 64位
CPU：无硬性要求	CPU：支持64位的多核处理器
显卡：GTX1660Ti 及同等性能显卡	显卡：RTX3060Ti 及同等性能显卡
显存：6GB	显存：8GB
内存：8GB	内存：16GB
硬盘空间：20GB的可用硬盘空间	硬盘空间：100~150GB的可用硬盘空间

图 1-9

【温馨提示】

上图中"最低配置"是指运行 Stable Diffusion 基本顺畅的最低配置。如果用户想获得更快的出图速度和更强大的算力，则需要更强大的硬件。如采用推荐配置，提升显卡至 NVIDIA RTX3080、RTX4080 或者更高，可以明显提高 Stable Diffusion 的出图效率和处理任务的复杂度。当然，显卡性能越好，市场价格也就越高，用户可以根据自己的使用要求和消费能力权衡，找到适合自己的硬件产品。

此外，硬盘空间需求较大主要是因为需要存储大模型，其中使用固态硬盘运行程序的效果更佳。

1.2.2 本地安装部署

在本地安装部署 Stable Diffusion 程序前，须先检查硬件配置。若低于推荐配置，尤其是显卡性能方面，可能会对使用过程中的体验感造成较大影响，并存在安装或运行失败的可能性。如硬件配置达到推荐配置，执行本书基础生成流程不存在太大问题，可尝试安装部署。

下面以 Windows 10 操作系统为例，介绍 Stable Diffusion 的安装流程。

步骤 01 下载 Stable Diffusion 整合包。首先需要从 Stable Diffusion 的官方网站或 B 站 UP 主"秋葉 aaaki"的视频链接中下载该整合包。文件名通常为 Stable Diffusion 或 sd-xxx.zip 或 sd-xxx.tar，其中 xxx 表示版本号等信息，如图 1-10 所示。

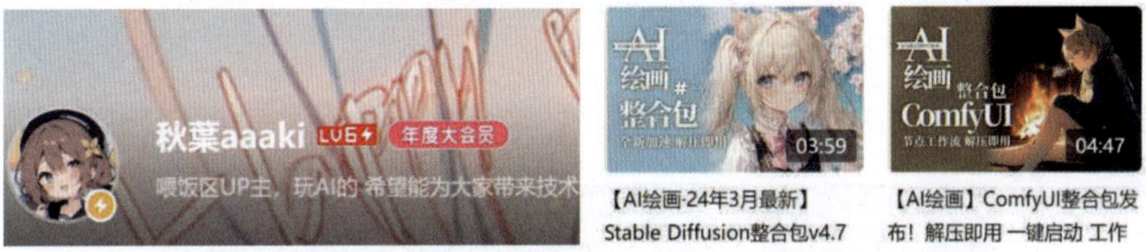

图 1-10

推荐使用 B 站 UP 主"秋葉 aaaki"发布的"绘画整合包"作为程序安装包，它是目前市面上最易于使用的整合包之一，用户无需具备太多网络和 Python 的前置知识即可使用。

"绘画整合包"于 2023 年 4 月 16 日发布，它集成了过去几个月中 AI 绘画集中引爆的核心需求，例如 ControlNet 插件和深度学习技术。它能够与外部环境完全隔离，即使对编程没有任何基础的人，也可以从零开始学习使用 Stable Diffusion，几乎无须调整就能够体验到新版的核心技术。

步骤 02 双击"启动器运行依赖"程序，再解压 sd-webui-aki-v4.6.7z 文件，如图 1-11 所示。

步骤 03 解压 sd-webui-aki-v4.6.7z 文件，如图 1-12 所示。下载完成后，将压缩文件解压到安装目录下。这里注意，为了确保程序运行稳定，安装目录中最好不要出现以中文命名的路径。

图 1-11 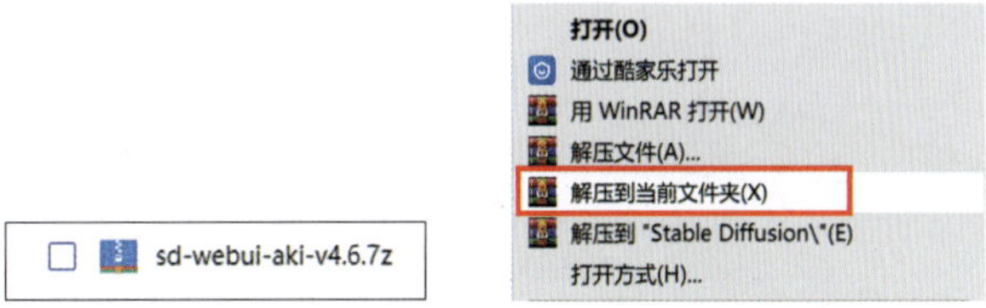　　　　　　　　　　图 1-12

步骤 04 进入解压后的 sd-webui-aki-v4.6.7z 文件夹，双击"A 启动器"程序，如图 1-13 所示。

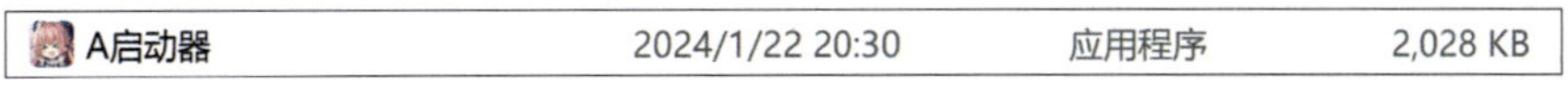

图 1-13

步骤 05 单击右下角【一键启动】按钮，即可运行 Stable Diffusion，如图 1-14 所示。

图 1-14

步骤 06 弹出启动控制台界面后，不要关闭，等待程序运行结束，如图 1-15 所示。

图 1-15

步骤 07 根据计算机配置和整合包版本不同，程序运行所需要的时间略有差别。一般等待 10～30 秒，系统就会自动弹出 WebUI 操作界面，然后即可在界面中使用 Stable Diffusion 进行内容创作，如图 1-16 所示。

【温馨提示】

在 Stable Diffusion WebUI 界面中，可以进行工作背景色的切换。一般而言，工作时间越长，视觉越容易产生疲劳；同时，眼睛长时间观看亮色屏幕也会增加疲劳感。切换屏幕背景成深色，则可有效缓解长时间工作对眼睛的刺激。

切换方法为：在本地电脑浏览器地址栏对地址 http://127.0.0.1:7860/?__theme=light 的后缀进行修改，将 light 改为 dark，修改后的地址为 http://127.0.0.1:7860/?__theme=dark。反之，也可将深色改为亮色。

图 1-16

1.2.3 云部署

如果电脑满足不了最低配置的要求,也可通过云服务器来使用 Stable Diffusion。常见的云部署平台有阿里云、腾讯云、谷歌 Colab 等。

阿里云是阿里巴巴集团旗下的云计算服务提供商,它致力于提供安全、稳定可靠的云计算服务,能帮助企业加速数字化转型,实现普惠科技;腾讯云是由腾讯公司推出的云计算服务,它提供了包括云服务器、数据库、网络、安全等在内的一系列云计算服务;Colab 是谷歌公司的一个在线工作平台,它可以让用户在浏览器中编写和执行 Python 脚本,此外它提供了免费的 GPU 来加速深度学习模型的训练。

因本书着重讲解本地部署的 Stable Diffusion 辅助设计的使用,且各云端平台操作具有相似性,在这里仅对阿里云部署进行简要介绍。

阿里云提供了云端部署 Stable Diffusion 所需的基础设施和云服务,用户可以在阿里云平台上创建云服务器,然后在服务器中安装各种软件。图 1-17 所示为阿里云平台上的云服务器。用户可以登录阿里云平台并购买云服务器,然后通过远程桌面连接该服务器,并在服务器上安装和配置 Stable Diffusion 所需的软件和环境。完成部署后,可通过访问服务器 IP 地址或者域名来使用 Stable Diffusion 服务。

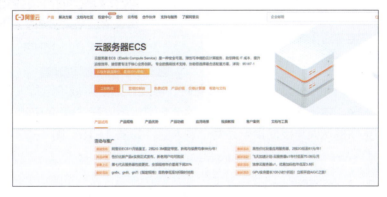

图 1-17

1.3 Stable Diffusion 的常用功能

Stable Diffusion 的常用功能包括文生图、图生图、ControlNet 和脚本等。这些功能使得用户可以利用 Stable Diffusion 进行图像的生成及加工处理，在获得灵感的同时也能加工、深化作品，显著提升工作效率。

1.3.1 文生图

Stable Diffusion 中的文生图（text-to-image）是将提示词、自然语言（文本）等转化为视觉图像的一种人工智能算法。其中，用户提供的文本描述是生成图像的核心依据，这一系列的文本描述直接决定了生成何种结果。我们可将其理解为"咒语"，它决定了 AI 绘画工具最终生成图像的艺术性和表现力。

当设计师构思一幅室内空间画面时，脑海中常常会浮现以下问题。

（1）本次设计任务涉及什么类型的空间？
（2）想要创造什么风格倾向的空间？
（3）室内的软装搭配如何统筹？
（4）细节部分想要体现哪些元素？
（5）想要作品呈现什么样的艺术效果？

这些问题的答案都是关乎设计效果落成的重要依据。如何进行提示词输入，如何让人工智能更好地识别我们的想法，则需要系统学习与提示词有关的知识和使用技巧。

1. Stable Diffusion 大模型

Stable Diffusion 大模型也称为"基础模型"或"底模"，其查看和选择的按钮位于工作界面的左上方。大模型是 Stable Diffusion 图像生成的基础模型，决定了生成图像的质量和主要风格。它们可以分为三类：二次元、真实系和 2.5D，分别对应不同的画风和领域。单击图 1-18 所示的倒三角符号，可选择和切换大模型。

大模型是 Stable Diffusion 必须搭配的基础模型，不同的基础模型会产生不同风格的输出。大模型的安装方法见本章课堂练习部分。

图 1-18

2. 提示词输入区

我们在 Stable Diffusion 里输入提示词时，需要在指定区域内进行，这个指定区域即为提示词输入区。由于提示词分为正、反两个方向，所以在 Stable Diffusion WebUI 界面中分别有正向提示词与反向提示词两个输入区，如图 1-19、图 1-20 所示。

图 1-19

图 1-20

1）正向提示词

正向提示词是我们对生成指令给予的正向语言描述，即希望 Stable Diffusion 如何生成图像。

举例来说，若要生成一幅包含衣柜和绿植元素的卧室场景图像，可以使用如下英文描述：Bedroom scene image with wardrobe and greenery elements。输入完成后，单击右侧橙色【生成】按钮（见图 1-21），即可在默认参数状态下执行计算，开始进行图像的生成。重复执行生成操作，可得到另一张新图像，如图 1-22 所示。

图 1-21

图 1-22

【温馨提示】

目前，Stable Diffusion仅支持英文提示词输入，多个提示词间须以英文逗号分隔。用户若要使用中文，可利用翻译工具事先将中文翻译成英文后再输入，或利用翻译插件功能，让系统在接收到中文提示词后自动转化为英文进行处理。

通常情况下，提示词的输入不必像叙述故事那样详尽地描述场景，仅提取关键词作为提示词即可。例如，在上面的例子中，通过简化提示词为"Bedroom space,Wardrobe,Green plant"（见图1-23）这样的核心词汇组合，也能得到与原始细致描述相近的图像效果，如图1-24所示。

图1-23

图1-24

2）反向提示词

反向提示词是用户对Stable Diffusion发出的一种反向指令。通常，针对不想在图像结果中出现的元素，我们就可以在反向提示词输入区输入相应内容，这时Stable

Diffusion 生成的图像就会排除某些特定元素。例如，在反向提示词输入区输入了 Green plant，系统在生成的结果图像中将会避免包含绿植的图片，并会更多地展现其他元素，如图 1-25 所示。通过这种方式，可以轻松排除一些不想要的效果。

图 1-25

【温馨提示】

Stable Diffusion 默认生成图片的尺寸大小为 512×512，且批次和数量都为 1。若想更改图片尺寸，可调节【宽度】、【高度】参数；若想一次性生成多张图片，则可以调整【总批次数】或【单批数量】参数，如图 1-26 所示。

图 1-26

知识拓展　Stable Diffusion 反向提示词的作用

在 AIGC 辅助设计工作实践中，反向提示词主要的作用有四个，分别是：提升质量、排除物品、控制风格、避免错误。

1）提升质量

加入 Low quality（低画质）、Low resolution（低分辨率）等词作为反向提示词，再让 Stable Diffusion 生成图像，可以发现画质有显著提高。

2）排除物品

反向提示词能够有针对性地排除不希望出现的物体。如要创建一幅新中式客厅的图像而不含沙发元素，只需添加反向提示词 Sofa（沙发），即可使模型在生成的新图像中移除沙发这一元素。

3）控制风格

在反向提示词中加入如 3D（三维）、Photo（照片）、Realism（写实）等词，搭配手绘风模型，生成的图像就更倾向于手绘风格。

4）避免错误

有时在生成包含人物的图像时，常会出现多出额外肢体、手指数量异常或多余面部瑕疵等问题。通过在生成时输入特定的负面关键词，如"多余的手指""多出的四肢"或"丑陋的脸部"等对应的英文提示词，可以有效减少这些错误现象的出现。

3. 提示词的权重

当在 Stable Diffusion 里输入描述时，可能会有多个提示词词组。例如，输入正向提示词描述了空间：Kitchen（厨房），空间里的物品：Tables and chairs（桌椅）、Tableware（餐具）、Hamburger（汉堡）、Apple（苹果）。由于描述的物品较多，加上 AI 具有随机性，可能并不总是能够充分地识别并在输出结果中展示出所有的描述。

如果用户觉得某一个物品非常重要，想强化其在生成结果中出现的概率，则可对该提示词增加权重。例如，非常想让苹果出现在厨房空间，却在输入提示词"Kitchen,Tableware, Hamburger,Tables and chairs,Apple"后未发现苹果，则可在提示词 Apple 的外侧加上一个括号以提高权重，如"（Apple）"，这样苹果的权重就会变成以前的 1.1 倍。若想进一步增加权重，还可以在后面加上冒号和具体数值，如"（Apple:1.3）"，这样苹果的权重就会变成以前的 1.3 倍。如此，结果中就出现了苹果这一元素，如图 1-27 所示。

图 1-27

一般来说，提示词权重的安全范围为 0.5 ～ 1.5。如果某个提示词的权重超出这个范围，生成的图像可能会扭曲。

【温馨提示】

作为一款开源软件，Stable Diffusion 对用户的限制比较少。在生成的图像中，有时会出现少儿不宜的画面，例如色情、暴力等。因此，在使用过程中，可以输入反向提示词如 NSFW（不适宜工作场所）、Nude（裸体）、Violence（暴力）、Horror（恐怖）等来限制生成负面内容，从而得到更积极向上、充满阳光的图片，如图 1-28 所示。

图 1-28

1.3.2 图生图

1. 图生图的基本操作

Stable Diffusion 中的图生图（image-to-image）功能是指基于原始图片，设定一些参数，通过人工智能算法创作出新图像的方式。具体操作时，需要先上传图生图功能所依赖的原始图片作为基础，然后通过添加提示词或进行其他形式的二次创作，来生成具有不同风格或内容的全新图像。Stable Diffusion 图生图功能位于工作界面的左上方，如图 1-29 所示。

图 1-29

进入图生图功能区，其界面和文生图十分相似，只是在工作区中多了一些功能板块，如上传图片的区域。用户可以在此处单击（见图 1-30），会弹出一个对话框，用户可从本地计算机上传一张图片。选择一张图片后，单击【打开】按钮（见图 1-31），即可上传成功，如图 1-32 所示。

第 ❶ 章　AIGC 技术与 Stable Diffusion

图 1-30

图 1-31

图 1-32

如果想重新微调图片，可以在不输入提示词的情况下将重绘幅度值降至 0.3 ~ 0.5，选择对应的生成批次，单击【生成】按钮，即可生成对该图片的微调结果。

2. 图生图的局部重绘

图生图的局部重绘功能是在不改变整体构图的情况下，对图片的某个区域进行重绘，可以手动重绘，也允许上传精确蒙版重绘。这是 Stable Diffusion 的一个非常有特色的功能，它既可以满足精确绘图的需要，也可以实现比传统软件（如 Photoshop）更高的处理效率，在参数设置好以后，通常仅需数秒到十几秒即可完成对图像的修改、融合。

例如，在工作中如果认为图 1-32 中背景墙上的装饰画色彩不够丰富或不太漂亮，那就可以在保持整体风格不变的前提下进行局部的调整。调整方法如下。

步骤 01 上传重绘图片。在【局部重绘】面板中单击【拖放图片至此处】按钮进行图片上传，如图 1-33 所示。上传的图片即为待加工的图片，如图 1-34 所示。

图 1-33　　　　　　　　　　　　图 1-34

步骤 02 确定重绘区域，对想要加工的区域进行涂抹。涂抹时可拖动右上角滑块调整笔刷大小。注意，涂抹时尽量贴近需要改变的装饰画区域。如果绘制有误，可以单击右上角的【清除】按钮进行清空，然后重新绘制。

步骤 03 设置参数：【蒙版模式】选择【重绘蒙版内容】，【蒙版区域内容处理】选择【原版】，【重绘区域】选择【仅蒙版区域】，【总批次数】设为 6，其余参数保持默认值。

步骤 04 输入提示词。输入正向提示词 Colorful decorative painting（彩色装饰画）；输入反向提示词 Low quality（低质量）。

步骤 05 单击【生成】按钮，执行生成命令，等待计算结束，最终形成图 1-35 所示的结果。观察结果可以发现，通过局部重绘功能对原本色彩单一的装饰画进行随机修改，颜色倾向符合输入提示词的预期效果。

第 1 章　AIGC 技术与 Stable Diffusion

图 1-35

3. 图生图的参数

图生图的参数有很多，且随着 Stable Diffusion 版本的迭代会有一定变化，这里着重为读者介绍常用参数和面板的含义，其余部分参数可在案例操作时查看相应效果。

1）重绘幅度

在图生图功能中，重绘幅度是一个重要参数，它控制着生成过程中对初始图像噪声的处理程度。

具体而言，当重绘幅度值设为 0 时，模型基本上不进行扩散去噪，这意味着输出图像与输入图像几乎一致，不会有任何创造性的变化；随着重绘幅度值增加，模型会在原始图像上施加不同程度的随机噪声，并通过扩散模型逆向迭代去除噪声以生成新的图像内容。较小的重绘幅度值可能导致生成的图像保留更多的原图特征，而较大的重绘幅度值则可能带来更大程度的变化和更多创新性元素。当重绘幅度值接近或等于 1 时，模型会倾向于完全重构图像，这一过程更类似于文生图。

在 Stable Diffusion 中调整重绘幅度参数，可以观察到不同参数下图像的转化效果，如图 1-36 所示。随着重绘幅度参数值的变化，可以看到图像细节、风格以及在保持原有特点的基础上融合创新元素的表达。

图 1-36

【温馨提示】

　　在图生图过程中，正向提示词和反向提示词用于指导 Stable Diffusion 模型生成图像时强化或抑制某些特征。常用的正向提示词有 Best quality（最高质量），Full detail（丰富细节）、Masterpiece（杰作）等，常用的反向提示词有 Low quality（低质量）、Blurry（模糊的）等，这些提示词会促使模型输出具有高质量、精细细节的图像。

2）提示词引导系数

　　提示词引导系数决定了 Stable Diffusion 对输入提示词的响应程度，它可以在 0～30 之间进行调整。当增大该系数时，模型会更严格地遵循提示词来生成图像内容，因此生成的图像会更加符合用户给定的要求。但是，过高的系数可能会导致过度依赖提示词而牺牲了图像本身的多样性和自然性，因此通常建议将该值保持在一个合理的范围内，如不超过 20，不低于 5。

3）随机数种子

　　随机数种子可以影响生成图像的随机性。即使其他参数相同，不同的随机数种子也会产生不同的图像。这使得每次生成的图像都具有一定的差异，增加了创作的多样性。如果随机数种子值为 −1，则表示每次生成图像的种子都是新的、不固定的。

4）涂鸦

　　涂鸦功能可以让我们在原图上进行简单创作后，再生成图片。用户可以在原始图片上手动绘制线条或形状，指示 Stable Diffusion 在哪里以及如何进行修改或添加内容。例如，可以通过自由涂鸦来指示应该在哪个区域生成新的元素，或者改变已有的区域特征。

第 1 章 AIGC 技术与 Stable Diffusion

5）涂鸦重绘

这是一种结合了涂鸦和局部重绘的功能，在原图上通过简单的线条或轮廓描绘出想要改变或添加的部分，然后由模型处理这部分涂鸦，使其按照提示生成相应的图像内容。

6）上传重绘蒙版

用户可以上传一个黑白或灰度蒙版图像，其中白色区域表示希望模型处理并生成新内容的部分，黑色区域则保持不变。这种方式为用户提供了一种更为精确的方式来指导模型对原始图像进行局部编辑。

7）批量处理

Stable Diffusion 允许用户一次性上传多个图像，并应用相同的提示词和参数设置来批量生成新的图片。这对于风格迁移、多幅图像的一致性修改或其他批量化的创作任务非常有用。

> **知识拓展　图生图功能的应用**
>
> 图生图功能在设计工作中的应用大致可以归纳为以下几个方面。
>
> 1）生成变体，拓展创意
>
> 使用图生图，可以开拓创意思维。通过增加重绘幅度值，或者通过使用与参考图不同的提示词去替换参考元素，让 AI 自由发挥。
>
> 2）提升分辨率，提高画质
>
> 用户可以通过图生图的高清放大功能获得更高分辨率的图像。
>
> 3）转换风格
>
> 通过使用不同的提示词，可以改变画面风格，通过不同类型模型的切换，用户可以轻松地将实拍照片转换成卡通图像，或者将手绘风格改变为三维效果。
>
> 4）二次编辑，修改图像
>
> 通过图生图，可对上传图像进行二次加工。这既可整体调整，也可以局部加工，其效率在很多时候要高于传统图像加工软件。
>
> 5）增加细节，光影调色
>
> Stable Diffusion 能够根据用户提供的文本描述创建高质量的图像，通过调整或完善输入的文本提示获得更细腻、内容更丰富的图像效果。同时，图生图功能能够通过设置较大的重绘幅度值，使用一张具有色彩倾向的图像来控制文本生成的图像，从而实现调色的效果。

1.3.3 拓展功能

使用 Stable Diffusion 生成图像时，由于 AI 固有的随机性特征，所得到的图像输出结果往往具有显著的不可预见性。因此，为了能够定向地创造出期望的图像效果，可以利用拓展功能引入人为调控机制，以指导 AI 更精准地满足我们的生成需求。

1. ControlNet

ControlNet 在 Stable Diffusion 中属于控制图像生成的插件。在 ControlNet 出现之前，很难知道 AI 能给我们生成什么图片，就像在漫无目的地抽卡。ControlNet 出现之后，我们就能利用其功能精准地控制图像生成。例如：上传线稿让 Stable Diffusion 填色渲染、控制人物的姿态、根据图片生成线稿、将毛坯房效果变为精装房效果，等等。图 1-37 为 ControlNet 识别毛坯建筑结构的处理图。

图 1-37

ControlNet 通过图像、控制线条等形式进行识别，可以凭借多样化的预处理手段适应不同的应用场景，并以此引导图像生成，从而帮助用户更有效地创造出所需的图像，如图 1-38 所示。

图 1-38

2. 脚本

脚本的作用是能够在每一步骤执行的过程中插入更多定制化的操作。以"X/Y/Z

plot"脚本为例（见图1-39），使用Stable Diffusion传统方法生成图片依赖于反复试验，即更改参数、生成并保存图像，再继续调整参数直至再次生成，这一迭代过程既耗时又费力。然而，借助于"X/Y/Z plot"脚本，用户能够迅速捕捉各类功能参数的实际含义及其视觉效果差异，也可实现批量操作，更好地遴选作品，如图1-40所示。

图 1-39

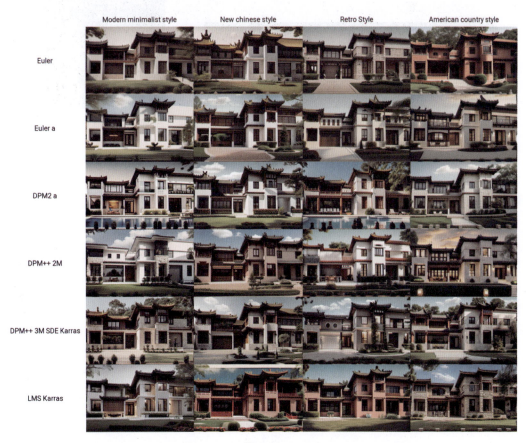

图 1-40

课堂练习——Stable Diffusion 大模型的安装

Stable Diffusion 大模型又称为"底模",是 Stable Diffusion 执行生成图片操作必须搭配的基础模型,下面介绍 Stable Diffusion 大模型的安装方法。

步骤 01 使用搜索引擎搜索并登录 Civitai(C站)、HuggingFace(抱脸)、哩布哩布 AI 等资源网站,首次登录可能涉及注册。其中哩布哩布 AI 网站为国内网点,较为稳定,其网址为 https://www.liblib.art/。

步骤 02 以哩布哩布 AI 网站为例,可在网站首页搜索带有 .ckpt 后缀或 .safetensors 后缀的大模型文件,如图 1-41 所示。也可在右侧【类型】列表中选择 CHECKPOINT 类型,如图 1-42 所示。

图 1-41   图 1-42

步骤 03 下载模型。由于大模型所含信息丰富,其文件大小通常大于 1.5GB,下载需一定的时间。

步骤 04 将所下载的大模型文件放置在 Stable Diffusion\models\Stable-diffusion 路径中的 Stable-diffusion 文件夹内,如图 1-43 所示。

> 此电脑 > D (D:) > SD > Stable Diffusion install > Stable Diffusion > models > Stable-diffusion

图 1-43

步骤 05 放置成功后,单击刷新符号,即可单击倒三角符号选取合适的大模型了,如图 1-44 所示。

图 1-44

拓展训练

为了更好地掌握本章所学知识,在此列举几个与本章相关联的拓展案例,以供练习。

1. 使用文生图功能生成图像

使用 Stable Diffusion 文生图功能生成包含以下特定内容的图像:① 园林景观;② 水;③ 桥;④ 人物。

操作提示如下。

- 正向提示词:Water、Small bridge、Garden Landscape、People、Masterpiece、Best quality、Natural photo。
- 反向提示词:Bad anatomy、Text、Error、Worst quality、Low quality、Normal quality、Signature、Watermark、Blurry。

效果如图 1-45 所示。

图 1-45

2. 使用图生图功能给黑白图片上色

操作提示如下。

- 导入需要加工的黑白图片"风景.png"或"建筑.png"至图生图功能区,根据想要达到的效果设置图生图参数。
- 正向提示词:Colorful scenery(多彩的风景)、Brightly colored(色彩鲜艳)、Chinese ancient architecture color matching(中国古代建筑色彩搭配)等。
- 反向提示词:Black and white(黑白)、Monochrome(单色的)。
- 重绘幅度值可以设置在 0.72 以下,越低则越接近原图。

参考效果如图 1-46～图 1-49 所示，分别为"风景.png"原图、"风景.png"图生图上色效果、"建筑.png"原图和"建筑.png"图生图上色效果。

图 1-46

图 1-47

图 1-48

图 1-49

第 2 篇 After Effects 系统操作

通过学习本篇内容，全面夯实影视后期制作软件 After Effects 的操作技巧，并将其融入 AIGC 中，提升制图效率。

第 2 章

Adobe After Effects 2022 基础操作——初识视频制作

内容导读

本章主要介绍 Adobe After Effects 2022 的工作界面和工作区，并介绍一些基本的操作，使用户逐渐熟悉这款软件。

案例精讲 —— 海报文字

为了更好地完成本设计案例，现对制作要求及设计内容做如下规划，海报文字的效果如图2-1所示。

图 2-1

步骤 01 启动软件后，按 Ctrl+I 组合键，打开【导入文件】对话框，选择"素材\Cha02\ 利用文字图层制作海报文字 .jpg"文件，单击【导入】按钮，如图2-2所示。

步骤 02 将素材导入【项目】面板后，使用鼠标将素材图片拖至【时间轴】面板中，即可新建合成，并在【合成】面板中显示效果，如图2-3所示。

步骤 03 在【时间轴】面板中右击，在弹出的快捷菜单中选择【新建】|【文本】命令，如图2-4所示。

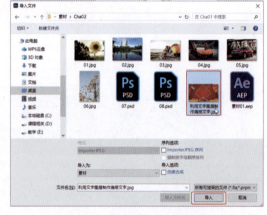

图 2-2

图 2-3

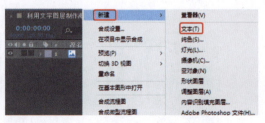

图 2-4

第 2 章　Adobe After Effects 2022 基础操作——初识视频制作

步骤 04 执行上一步操作后，输入文字"新春钜惠"，在工作界面右侧的【字符】面板中将字体设置为【汉仪菱心体简】，将颜色设置为#ED6E00，将字体大小设置为1000像素，将字符间距设置为-53，单击【仿斜体】按钮，如图2-5所示。

步骤 05 按Ctrl+D组合键，复制文字图层并调整其位置，然后更改文字的内容，如图2-6所示。

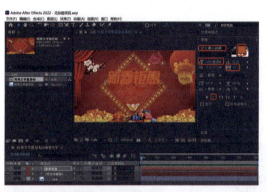

图 2-5　　　　　　　　　　　　　图 2-6

知识链接　文本图层

　　使用文本图层可以在合成中添加文本，为整个文本图层的属性或单个字符的属性（如颜色、大小和位置）设置动画。3D文本图层还可以包含3D子图层，每个字符一个子图层。

　　文本图层是合成图层，这意味着文本图层不使用素材项目作为其来源，但可以将来自某些素材项目的信息转换为文本图层。文本图层也是矢量图层。与形状图层和其他矢量图层一样，文本图层也是始终连续地栅格化，因此在缩放图层或改变文本大小时，它会保持清晰、不依赖于分辨率的边缘。文本图层无法在自己的【图层】面板中打开，但是可以在【合成】面板中操作。

　　After Effects使用两种类型的文本：点文本和段落文本。点文本适用于输入单个词或一行字符；段落文本适用于将文本输入格式化为一个或多个段落。

步骤 06 根据前面介绍的方法，将文本图层复制多次并调整其位置，然后更改文字的内容，将最顶层文字的颜色设置为黄色（#FFFC00），效果如图2-7所示。

步骤 07 以上操作完成后，将场景进行保存即可。

图 2-7

2.1 After Effects 2022 的工作界面

Adobe After Effects 2022 软件的工作界面给人的第一感觉就是界面更暗，减少了面板的圆角，使人感觉更紧凑。界面依然使用面板随意组合、泊靠的模式，为用户操作带来很大的便利。

在 Windows 10 操作系统下，选择【开始】|【所有程序】| Adobe After Effects 2022 命令，或在桌面上双击该软件的图标 ，即可运行 Adobe After Effects 2022 软件，它的启动界面如图 2-8 所示。

启动 After Effects 2022 软件后，会弹出【开始】对话框，用户可以通过该对话框新建项目、打开项目，如图 2-9 所示。

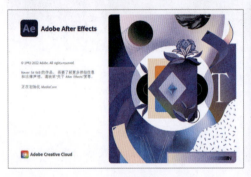

图 2-8　　　　　　　　　　　　图 2-9

启动 After Effects 2022 后，将会自动新建一个项目文件，如图 2-10 所示。After Effects 2022 的默认工作界面主要包括菜单栏、工具栏、【项目】面板、【合成】面板、【时间轴】面板、【字符】面板、【音频】面板、【段落】面板、【效果和预设】面板等。

图 2-10

2.2 After Effects 2022 的工作区及工具栏

在深入学习 After Effects 2022 之前，首先要熟悉 After Effects 2022 的工作区以及工具栏中的各个工具。本节将简单介绍 After Effects 2022 的工作区和工具栏。

2.2.1 【项目】面板

【项目】面板用于管理导入到 After Effects 2022 中的各种素材以及通过 After Effects 2022 创建的图层，如图 2-11 所示。

- 预览区：当在【项目】面板中选择某一个素材时，在预览区域会显示当前素材的画面，在预览区域右侧会显示当前素材的详细资料，包括文件名、文件类型等。
- 搜索框：当【项目】面板中存在很多素材时，寻找需要的素材不方便，这时查找素材的功能就变得很有用。如在搜索框内输入 B，那么在素材区就只会显示名字中包含字母 B 的素材。输入的字母是不区分大小写的。
- 素材区：所有导入的素材和在 After Effects 2022 中建立的图层都会在这里显示。注意，合成也会在这里出现，也就是说，合成也可以作为素材被其他合成使用。

图 2-11

- 【删除所选定的项目】按钮：如果要删除某个素材，可以使用该按钮。使用该按钮删除素材的方法有两种，一种是拖拽想要删除的素材到这个按钮上；另一种就是选中想要删除的素材，然后单击该按钮。
- 【项目设置】按钮 8 bpc ：单击该按钮，弹出【项目设置】对话框，在该对话框中可以对项目进行个性化设置，时间码的显示风格、颜色深度、音频等都可以在这里设置。
- 【新建合成】按钮：要开始工作，就必须先建立一个合成。建立合成是开始工作的第一步，所有的操作都是在合成里面进行的。
- 【新建文件夹】按钮：为了更方便地管理素材，需要对素材进行分类管理，文件夹就为分类管理提供了方便。把相同类型的素材放进一个单独的文件夹里面，可以快速找到所需要的素材。
- 【解释素材】按钮：当导入一些比较特殊的素材时，比如带有 Alpha 通道的图片、序列帧图片等，需要单独对这些素材进行一些设置。在 After Effects 2022 中，这种素材叫做解释素材。

【温馨提示】

如果删除一个【合成】面板中正在使用的素材，系统会提示该素材正被使用，并询问是否确定要删除，如图 2-12 所示。单击【删除】按钮将从【项目】面板中删除素材，同时该素材也将从【合成】面板中删除；单击【取消】按钮，将取消删除该素材文件的操作。

图 2-12

2.2.2 【合成】面板

【合成】面板是查看合成效果的地方，也可以在这里对图层的位置等属性进行调整，以便达到理想的状态，如图 2-13 所示。

图 2-13

1. 认识【合成】面板中的控制按钮

在【合成】面板的底部有一些控制按钮，这些控制按钮将帮助用户对素材项目进行交互操作。下面对其进行介绍，如图 2-14 所示。

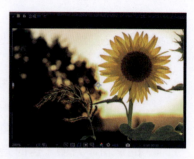

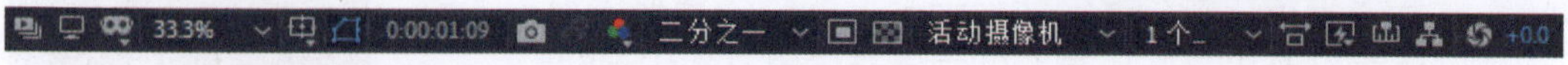

图 2-14

- 【始终预览此视图】：单击该按钮总是显示该视图。
- 【放大率】33.3%：单击该按钮，在弹出的下拉列表中可选择素材的显示比例。

【温馨提示】

用户也可以通过滚动鼠标中键来放大或缩小素材的显示比例。

- 【选择网格和参考线】：单击该按钮，在弹出的下拉菜单中可以选择要开启或关闭的辅助工具，如图 2-15 所示。
- 【切换蒙版和形状路径可见性】：如果图层中存在路径或蒙版，通过单击该按钮，可以选择是否在【合成】面板中显示路径或蒙版。
- 【当前时间】0:00:00:00：显示当前时间线停留的时间。单击该按钮，弹出【转到时间】对话框，通过在该对话框中输入时间，可以快速到达某个时间刻度，如图 2-16 所示。

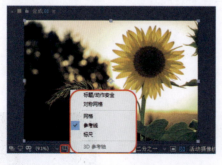

图 2-15

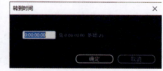

图 2-16

- 【拍摄快照】■：当需要对两种效果进行对比时，单击该按钮可以把前一个效果暂时保存在内存中，再调整下一个效果，然后进行对比。
- 【显示快照】■：单击该按钮，After Effects 2022 会显示上一次通过快照保存下来的效果，以方便效果对比。
- 【显示通道及色彩管理设置】■：单击该按钮，用户可以在弹出的下拉菜单中选择一种模式，如图 2-17 所示。当选择一种通道模式后，将只显示当前通道效果。当选择 Alpha 通道模式时，图像中的透明区域将以黑色显示，不透明区域将以白色显示。

图 2-17

- 【分辨率/向下采样系数】■：单击该按钮，在弹出的下拉列表中选择面板中图像显示的分辨率，其中包括【二分之一】、【三分之一】、【四分之一】等选项，如图 2-18 所示。分辨率越高，图像越清晰；分辨率越低，图像越模糊，但可以减少预览或渲染的时间。
- 【目标区域】■：单击该按钮，然后再拖动鼠标在【合成】面板中绘制一个矩形区域，系统将只显示该区域内的图像内容，如图 2-19 所示。将鼠标指针放在矩形区域边缘，当其变为■样式时，拖动则可以移动矩形区域的位置。拖动矩形边缘的控制手柄时，可以缩放矩形区域的大小。使用该功能，可以加快预览的速度。在渲染图层时，只刷新该目标区域内的屏幕。

图 2-18

图 2-19

- 【切换透明网格】■：该按钮用于控制【合成】面板是否启用棋盘格透明背景。默认状态下，【合成】面板的背景为黑色，当激活该按钮后，面板的背景将被设置为棋盘格透明模式，如图 2-20 所示。

图 2-20

- 【3D 视图】 活动摄像机 ：单击该按钮，在弹出的下拉列表中可以选择各种视图模式，如正面、左侧、顶部等，如图 2-21 所示。
- 【视图布局】 1个 ：单击该按钮，在弹出的下拉列表中可以选择视图的显示布局，如 1 个视图、2 个视图 - 水平等，如图 2-22 所示。

图 2-21　　　　　　　　　　图 2-22

- 【像素长宽比校正】 ：当激活该按钮时，素材图像可以被压扁或拉伸，从而矫正图像中非正方形的像素。
- 【快速预览】 ：单击该按钮，在弹出的下拉菜单中可以选择一种快速预览方式。
- 【时间轴】 ：单击该按钮，可以直接切换到【时间轴】面板。
- 【合成流程图】 ：单击该按钮，可以切换到【流程图】面板。
- 【重置曝光度（仅影响视图）】 ：调整【合成】面板的曝光度。

2. 向【合成】面板中添加素材

向【合成】面板中添加素材的方法非常简单，用户可以在【项目】面板中选择素材（一个或多个），然后执行下列操作之一。

- 将当前选定的素材直接拖至【合成】面板中。

第 2 章 Adobe After Effects 2022 基础操作——初识视频制作

- 将当前选定的素材拖至【时间轴】面板中。
- 将当前选定的素材拖至【项目】面板的【新建合成】按钮 上，如图 2-23 所示，然后释放鼠标，即可以新建一个合成文件并将该素材文件添加至【合成】面板中，如图 2-24 所示。

图 2-23

图 2-24

【温馨提示】

当将多个素材一起通过拖拽的方式添加到【合成】面板中时，它们的排列顺序将以【项目】面板中的顺序为基准，并且这些素材中可以包含其他合成影像。

2.2.3 【图层】面板

将素材添加到【合成】面板后，在【合成】面板中双击该素材，就可以在【图层】面板中将其打开，如图 2-25 所示。在【图层】面板中，可以对【合成】面板中的素材进行剪辑、绘制遮罩、移动滤镜效果控制点等操作。

在【图层】面板中，可以显示素材在【合成】面板中的遮罩、滤镜效果等设置。在【图层】面板中还可以调节素材的切入点和切出点，及其在【合成】面板中的持续时间、遮罩设置、滤镜控制点等属性。

图 2-25

41

2.2.4 【时间轴】面板

【时间轴】面板提供了图层的入点、出点、图层特性控制的开关及其参数,如图 2-26 所示。

图 2-26

2.2.5 工具栏

在工具栏中罗列了各种常用的工具,单击工具图标即可选中该工具。某些工具右边有小三角形符号,表示还存在其他隐藏工具。将鼠标指针放在该工具上方按住鼠标左键不动,稍后就会显示其隐藏的工具;移动鼠标指针到所需隐藏工具上方,释放鼠标即可选中该工具,也可通过连续按该工具的快捷键,循环选择其中的隐藏工具。使用快捷键 Ctrl+1 可以显示或隐藏工具栏,如图 2-27 所示。

图 2-27

工具栏中的工具自左向右依次为选择工具、手形工具、缩放工具、旋转工具、统一摄像机工具、向后平移(描点)工具、矩形工具、钢笔工具、横排文字工具、画笔工具、仿制图章工具、橡皮擦工具、Roto 笔刷工具、控制点工具。

2.2.6 【信息】面板

在【信息】面板中,用 R、G、B 的值记录【合成】面板中的色彩信息,并用 X、Y 值记录鼠标位置,数值随鼠标指针在【合成】面板中的位置实时变化。按 Ctrl+2 组合键,即可显示或隐藏【信息】面板,如图 2-28 所示。

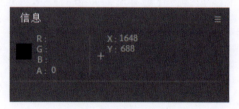

图 2-28

2.2.7 【音频】面板

在播放或预览音频过程中,【音频】面板会显示音频播放时的音量级。利用该面板,用户可以调整选取层的左、右音量级,并且可以结合【时间轴】面板的音频属性为音量级设置关键帧。如果【音频】面板是不可见的,在菜单栏中选择【面板】|【音频】命令,或按 Ctrl+4 组合键,即可打开【音频】面板,如图 2-29 所示。

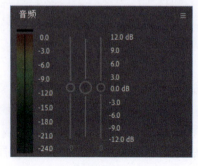

图 2-29

第 2 章 Adobe After Effects 2022 基础操作——初识视频制作

用户可以改变音频层的音量级，以特定的质量进行预览、识别和标记位置。通常情况下，音频层与一般素材层包含不同的属性，但可以用同样的方法修改它们。

2.2.8 【预览】面板

在【预览】面板中提供了一系列的预览控制选项，用于播放素材、前进一帧、后退一帧、预演素材等。按 Ctrl+3 组合键，可以显示或隐藏【预览】面板。

单击【预览】面板中的【播放/暂停】按钮▶或按空格键，即可一帧一帧地演示合成影像。如果想终止演示，再次按空格键或在 After Effects 中的任意位置单击即可。【预览】面板如图 2-30 所示。

图 2-30

> 【温馨提示】
>
> 在低分辨率下，合成影像的演示速度比较快。然而，演示速度主要取决于用户计算机的性能。

2.2.9 【效果和预设】面板

在【效果和预设】面板中可以快速地为图层添加效果，如图 2-31 所示。其中动画预设是 Adobe After Effects 2022 编辑好的一些动画效果，可以直接应用到图层上，从而产生动画效果。

- 搜索区：用户在搜索框中输入某个效果的名字，Adobe After Effects 2022 就会自动搜索出该效果，这样可以方便用户快速地找到需要的效果。
- 【创建新动画预设】按钮■：当用户在【合成】面板中调整出一个很好的效果，并且不想每次都重新制作时，便可以单击该按钮把这个效果作为一个预置保存下来，以便以后需要时进行调用。

图 2-31

2.2.10 【流程图】面板

【流程图】面板是指显示项目流程的面板，在该面板中以方向线的形式显示了合成影像的流程。流程图中的合成影像和素材的颜色以它们在【项目】面板中的颜色为准，并且以不同的图标表示不同的素材类型。创建一个合成影像以后，可以利用【流程图】面板对素材之间的流程进行观察。

打开当前项目中所有合成影像的【流程图】面板的方法有以下几种。

- 在菜单栏中选择【合成】|【合成流程图】命令，如图 2-32 所示。
- 在【项目】面板中单击【合成流程图】按钮，即可弹出【流程图】面板，如图 2-33 所示。

图 2-32

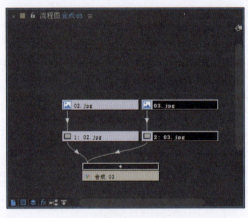

图 2-33

2.3 界面的布局

在工具栏单击右侧的 按钮，弹出的下拉菜单中包含了 After Effects 2022 中预置的工作界面方案，如图 2-34 所示。下面介绍常用的界面方案。

图 2-34

第 2 章 Adobe After Effects 2022 基础操作——初识视频制作

- 【所有面板】：设置此界面后，将显示所有可用的面板，包含了最丰富的功能元素。
- 【效果】：设置此界面后，将会显示【效果控件】面板，如图 2-35 所示。
- 【文本】：适用于创建文本效果。
- 【标准】：设置此界面后，可使用标准的界面模式，即默认的界面。
- 【简约】：该工作界面包含的界面元素最少，仅有【合成】面板与【时间轴】面板，如图 2-36 所示。

图 2-35

图 2-36

- 【绘画】：适用于创作绘画作品。
- 【运动跟踪】：该工作界面适用于关键帧的编辑处理。

2.4 设置工作界面

对于 After Effects 2022 的工作界面，用户可以根据自己的需要对其进行设置，下面介绍设置工作界面的方法。

2.4.1 改变工作界面中面板的大小

After Effects 2022 工作界面拥有很多的面板，在实际操作使用时，经常需要调节面板的大小。例如，想要查看【项目】面板中素材文件的更多信息，可将【项目】面板放大；当【时间轴】面板中的层较多时，可将【时间轴】面板调高，即可看到更多的层。

改变工作界面中面板大小的操作方法如下。

步骤 01 新建项目文件，导入"素材\Cha02\05.jpg"素材文件，将其添加至【时间轴】面板，如图 2-37 所示。

步骤 02 将鼠标指针移至【合成】面板与【效果和预设】面板之间，这时鼠标指针会发生变化。按住鼠标左键向左拖动，即可缩小【合成】面板，如图 2-38 所示。

图 2-37

图 2-38

步骤 03 将鼠标指针移至【项目】面板、【合成】面板和【时间轴】面板之间，当鼠标指针变为 时，按住鼠标左键并拖动，即可改变这 3 个面板的大小，如图 2-39 所示。

图 2-39

2.4.2 浮动或停靠面板

自 After Effects 7.0 版本以来，After Effects 改变了之前版本中面板与浮动面板的界面布局，将面板与浮动面板连接在一起，作为一个整体。After Effects 2022 沿用了这种界面布局，并保留了面板和浮动面板的功能。

在 After Effects 2022 的工作界面中，面板或浮动面板既可分离又可停靠，其操作方法如下。

步骤 01 导入"素材\Cha02\05.jpg"素材文件，将其添加至【时间轴】面板中。单击【合成】面板右上角的 按钮，在弹出的下拉菜单中选择【浮动面板】命令，如图 2-40 所示。

步骤 02 执行操作后，【合成】面板将会独立显示，效果如图 2-41 所示。

图 2-40

图 2-41

分离后的面板或浮动面板可以重新回到原来的位置。以【合成】面板为例，在【合成】面板的上方选择拖动点，按住鼠标左键拖动【合成】面板至【项目】面板的右侧，此时【合成】面板会变为半透明状，且在【项目】面板的右侧出现紫色阴影，如图2-42所示。这时释放鼠标，即可将【合成】面板放回原位置。

图 2-42

2.4.3 自定义工作界面

After Effects 2022除了有自带的几种界面布局外，用户还可以自定义工作界面。用户可将工作界面中的各个面板随意搭配，组合成新的界面风格，并可以保存新的工作界面，方便以后使用。

用户自定义工作界面的操作方法如下。

步骤01 设置好自己需要的工作界面布局。

步骤02 在菜单栏中选择【窗口】|【工作区】|【另存为新工作区】命令，如图2-43所示。

步骤03 弹出【新建工作区】对话框，在【名称】文本框中输入名称，如图2-44所示。

步骤04 设置完成后单击【确定】按钮，在工具栏中单击右侧的 按钮，将显示新建的工作区，如图2-45所示。

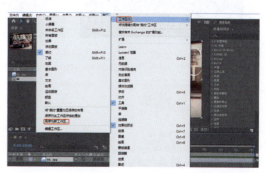
图 2-43

图 2-44

图 2-45

2.4.4 删除工作界面

在 After Effects 2022 中，用户也可以将不需要的工作界面删除。其方法是：在工具栏中单击右侧的 按钮，在弹出的下拉菜单中选择【编辑工作区】命令，如图 2-46 所示。在弹出的【编辑工作区】对话框中选中要删除的对象，单击【删除】按钮，如图 2-47 所示。操作完成后，单击【确定】按钮，即可删除选中的工作区，如图 2-48 所示。

图 2-46

图 2-47

图 2-48

【温馨提示】

在删除界面方案时，当前使用的界面方案不可以被删除。如果想要将其删除，可先切换到其他的界面方案，然后再将其删除。

课堂练习——为工作界面设置快捷键

在 After Effects 2022 中，用户可为工作界面指定快捷键，以方便切换工作界面。为工作界面设置快捷键的方法如下。

步骤 01 新建项目，导入"素材\Cha02\05.jpg"素材文件。将其添加至【时间轴】面板中，并调整工作界面中的面板或浮动面板至需要的状态，如图 2-49 所示。

图 2-49

图 2-50

步骤 02 在菜单栏中选择【窗口】|【工作区】|【另存为新工作区】命令，在打开的【新建工作区】对话框中使用默认名称，然后单击【确定】按钮。

步骤 03 在菜单栏中选择【窗口】|【将快捷键分配给"未命名工作区"工作区】命令，在弹出的子菜单中有 3 个命令，可选择其中任意一个，例如选择【Shift+F10（替换"标准"）】命令，如图 2-50 所示，这样便将 Shift+F10 作为【未命名工作区】工作界面的快捷键。在其他工作界面下，按 Shift+F10 组合键，即可快速切换到【未命名工作区】工作界面。

2.5 项目操作

启动 After Effects 2022 后，如果要进行影视后期编辑操作，首先需要创建一个新的项目文件或打开已有的项目文件，这是 After Effects 进行工作的基础。没有项目是无法进行编辑工作的。

2.5.1 新建项目

每次启动 After Effects 2022 软件时，系统都会新建一个项目文件。用户也可以自

己创建一个新的项目文件，方法是：在菜单栏中选择【文件】|【新建】|【新建项目】命令，如图 2-51 所示。

除此之外，用户还可以按 Ctrl+Alt+N 组合键来新建项目文件。如果用户没有对当前打开的项目文件进行保存，在新建项目时会弹出图 2-52 所示的提示对话框。

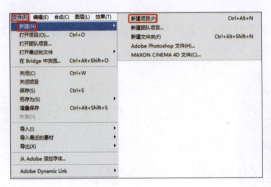

图 2-51　　　　　　　　　　　　　　　图 2-52

2.5.2　打开已有项目

用户经常会需要打开原来的项目文件进行查看或编辑，这是一项很基本的操作，其操作方法如下。

步骤 01 在菜单栏中选择【文件】|【打开项目】命令，或按 Ctrl+O 组合键，弹出【导入文件】对话框。

步骤 02 选择"素材 \Cha02\ 素材 01.aep"文件，如图 2-53 所示，单击【导入】按钮，即可打开选择的项目文件。

如果要打开最近使用过的项目文件，可在菜单栏中选择【文件】|【打开最近使用项目】命令，在其子菜单中会列出最近打开的项目文件，然后单击要打开的项目文件即可。

当打开一个项目文件时，如果该项目所使用素材的路径发生了变化，则需要为其指定新的路径。丢失的素材文件会以彩条的形式显示。为素材重新指定路径的操作方法如下。

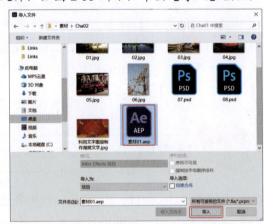

图 2-53

步骤 01 在菜单栏中选择【文件】|【打开项目】命令，在弹出的对话框中选择一个改变了素材路径的项目文件，将其打开。

步骤 02 在打开该项目文件的同时会弹出图 2-54 所示的提示对话框，提示最后保存的项目中缺少文件。

第 ❷ 章　Adobe After Effects 2022 基础操作——初识视频制作

步骤 03 ▶ 单击【确定】按钮，打开项目文件，可看到丢失的文件以彩条显示，如图 2-55 所示。

图 2-54　　　　　　　　　　　图 2-55

步骤 04 ▶ 在【项目】面板中双击要重新指定路径的素材文件，弹出【替换素材文件】对话框，在其中选择替换的素材，如图 2-56 所示。

步骤 05 ▶ 单击【导入】按钮即可替换素材，效果如图 2-57 所示。

图 2-56　　　　　　　　　　　图 2-57

2.5.3　保存项目

编辑完项目后，需要对其进行保存，方便以后使用。

保存项目文件的操作方法为：在菜单栏中选择【文件】|【保存】命令，打开【另存为】对话框。在该对话框中选择文件的保存路径，并输入名称，最后单击【保存】按钮即可，如图 2-58 所示。

如果当前文件保存过，再次对其保存时不会弹出【另存为】对话框。

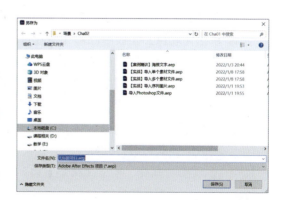

图 2-58

51

在菜单栏中选择【文件】|【另存为】命令，打开【另存为】对话框，可将当前的项目文件另存为一个新的项目文件，而原项目文件的各项设置不变。

2.5.4 关闭项目

如果要关闭当前的项目文件，可在菜单栏中选择【文件】|【关闭项目】命令，如图 2-59 所示，如果当前项目没有保存，则会弹出图 2-60 所示的提示对话框。

单击【保存】按钮，可保存文件；单击【不保存】按钮，则不保存文件；单击【取消】按钮，则会取消关闭项目的操作。

图 2-59

图 2-60

2.6 合成操作

合成是在一个项目中建立的，是项目文件中的重要部分。After Effects 的编辑工作都是在合成中进行的，当新建一个合成后，会激活该合成的【时间轴】面板，然后在其中进行编辑工作。

2.6.1 新建合成

在一个项目中要进行操作，首先需要创建合成。其创建方法如下。

步骤 01 在菜单栏中选择【文件】|【新建】|【新建项目】命令，新建一个项目。

步骤 02 执行下列操作之一。

- 在菜单栏中选择【合成】|【新建合成】命令。
- 单击【项目】面板底部的【新建合成】按钮 。
- 在【项目】面板的空白区域右击，在弹出的快捷菜单中选择【新建合成】命令，如图 2-61 所示。执行操作后，在弹出的【合成设置】对话框中可对创建的合成进行设置，如设置持续时间、背景颜色等，如图 2-62 所示。
- 在【项目】面板中选择目标素材（一个或多个），将其拖至【新建合成】按钮 上，释放鼠标即可进行创建。

步骤 03 设置完成后，单击【确定】按钮即可。

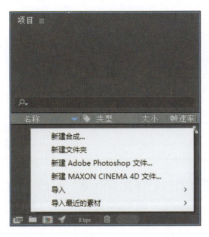
图 2-61

图 2-62

【温馨提示】

当通过将素材文件拖至【新建合成】按钮 上创建合成时，将不会弹出【合成设置】对话框。

2.6.2 合成的嵌套

在一个项目中，合成是独立存在的。不过在多个合成之间也可存在引用的关系，一个合成可以像素材文件一样导入另一个合成中，形成合成之间的嵌套关系，如图 2-63 所示。

合成之间不能相互嵌套，只能是一个合成嵌套着另一个合成。使用流程图可方便地查看它们之间的关系，如图 2-64 所示。

图 2-63   图 2-64

合成的嵌套在后期合成制作中会起到很重要的作用,因为并不是所有的制作都在一个合成中完成,在制作一些复杂的效果时都可能用到合成的嵌套。在对多个图层应用相同设置时,可通过合成嵌套为这些图层所在的合成进行该设置,这样可以节省时间,提高工作效率。

2.7 在项目中导入素材

在 After Effects 2022 中,虽然能够使用矢量图形制作视频动画,但是丰富的外部素材才是视频动画的基础元素,比如视频、音频、图像、序列图片等。所以掌握如何导入不同类型的素材,才是视频动画制作的关键。

2.7.1 导入素材的方法

在进行影片的编辑时,首要的任务是导入要编辑的素材文件。素材的导入主要是将素材导入【项目】面板中或相关文件夹中。向【项目】面板导入素材的方法有以下几种。

- 执行菜单栏中的【文件】|【导入】|【文件】命令,或按 Ctrl+I 组合键,在打开的【导入文件】对话框中选择要导入的素材,然后单击【导入】按钮即可。
- 在【项目】面板的空白区域右击,在弹出的快捷菜单中选择【导入】|【文件】命令,在打开的【导入文件】对话框中选择需要导入的素材,然后单击【导入】按钮即可。
- 在【项目】面板的空白区域双击,在打开的【导入文件】对话框中选择需要导入的素材,然后单击【导入】按钮即可。
- 在 Windows 的资源管理器中选择需要导入的文件,然后直接将其拖动到 After Effects 2022 软件的【项目】面板中即可。

课堂练习——导入单个素材文件

在 After Effects 2022 中,导入单个素材文件是素材导入的最基本操作,其操作方法如下。

步骤 01 在【项目】面板的空白区域右击,在弹出的快捷菜单中选择【导入】|【文件】命令,如图 2-65 所示。

步骤 02 在弹出的【导入文件】对话框中选择"素材\Cha02\02.jpg"素材图片,如图 2-66 所示。单击【导入】按钮,即可导入素材。

第 2 章　Adobe After Effects 2022 基础操作——初识视频制作

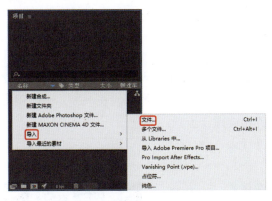 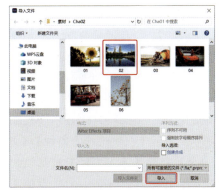

图 2-65　　　　　　　　　　　　图 2-66

课堂练习——导入多个素材文件

在导入文件时可同时导入多个文件，这样可节省操作时间。导入多个素材文件的操作方法如下。

步骤 01 在菜单栏中选择【文件】|【导入】|【多个文件】命令，打开【导入多个文件】对话框。

步骤 02 选择要导入的素材文件。在按住 Ctrl 键或 Shift 键的同时，单击要导入的多个文件，如图 2-67 所示。

步骤 03 单击【导入】按钮，即可将选中的素材导入【项目】面板中，如图 2-68 所示。

图 2-67　　　　　　　　　　　　图 2-68

如果要导入的素材全部存储在一个文件夹中，在【导入多个文件】对话框中选择该文件夹，然后单击【导入文件夹】按钮，即可将其导入【项目】面板中。

课堂练习——导入序列图片

在使用三维动画软件输出作品时,经常会将其渲染成序列图片文件。序列图片文件是指由若干张按顺序排列的图片组成的一个图片序列,每张图片代表一帧,一般用于记录运动的影像。下面将介绍导入序列图片的具体操作步骤。

步骤 01 在菜单栏中选择【文件】|【导入】|【文件】命令,打开【导入文件】对话框。

步骤 02 打开"素材\Cha02"文件夹,在该文件夹中选择一个序列图片,然后选中【Importer JPEG 序列】复选框,如图 2-69 所示。

步骤 03 单击【导入】按钮,即可导入序列图片,如图 2-70 所示。

步骤 04 在【项目】面板中双击序列文件,在【合成】面板中将其打开,按空格键即可进行预览,效果如图 2-71 所示。

图 2-69

图 2-70

图 2-71

2.7.2 导入 Photoshop 文件

After Effects 与 Photoshop 同为 Adobe 公司开发的软件,两款软件各有所长,且 After Effects 对 Photoshop 文件有很好的兼容性。使用 Photoshop 处理 After Effects 所需的静态图像元素,可拓展思路,创作出更好的效果。在将 Photoshop 文件导入 After Effects 中时,有多种导入方法,使用不同的导入方法产生的效果也有所不同。

第 2 章　Adobe After Effects 2022 基础操作——初识视频制作

1. 将 Photoshop 文件以合并层的方式导入

步骤 01 按 Ctrl+I 组合键，在弹出的对话框中选择"素材 \Cha02\07.psd"素材文件，如图 2-72 所示。

步骤 02 单击【导入】按钮，在弹出的对话框中使用其默认参数，如图 2-73 所示。

步骤 03 单击【确定】按钮，即可将选中的素材文件导入 After Effects 软件中，效果如图 2-74 所示。

图 2-72

图 2-73

图 2-74

2. 导入 Photoshop 文件中的某一层

步骤 01 按 Ctrl+I 组合键，在弹出的对话框中选择"素材 \Cha02\07.psd"素材文件，单击【导入】按钮，在弹出的对话框中选中【选择图层】单选按钮，将图层设置为【背景】，如图 2-75 所示。

步骤 02 设置完成后，单击【确定】按钮，即可导入选中的图层，如图 2-76 所示。

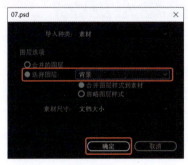

图 2-75

图 2-76

57

3. 以合成方式导入 Photoshop 文件

除了上述两种方法外，用户还可以将 Photoshop 文件以合成文件的方式导入 After Effects 软件中，并在 07.psd 对话框中设置导入类型，如图 2-77 所示。

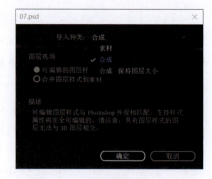

图 2-77

课后项目练习——导入 PSD 分层素材

课后项目练习效果展示

在 After Effects 2022 中导入 PSD 分层素材，效果如图 2-78 所示。

图 2-78

课后项目练习过程概要

步骤 01 启动 After Effects 软件后，选择【文件】|【导入】|【文件】命令，也可以按 Ctrl+I 组合键，如图 2-79 所示，打开【导入文件】对话框。

步骤 02 选择"素材\Cha02\08.psd"素材文件，单击【导入】按钮，弹出如图 2-80 所示的对话框。

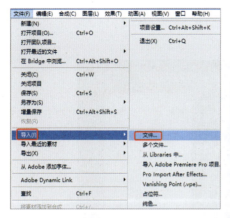
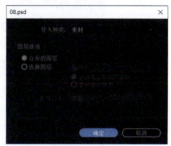

图 2-79　　　　　　　　图 2-80

知识链接　PSD 格式

PSD 是 Adobe 公司的图形设计软件 Photoshop 的专用格式。PSD 文件可以存储成 RGB 或 CMYK 模式，能够自定义颜色数并进行存储，还可以保存 Photoshop 的层、通道、路径等信息，是目前唯一支持全部图像色彩模式的格式。

步骤 03 将图像导入【项目】面板中，该图像是一个合并图层的文件。双击该文件，在【素材 08.psd】面板中即可查看该素材文件，如图 2-81 所示。

步骤 04 选中【项目】面板中的素材，按 Delete 键将其删除。再次导入 08.psd 素材，在打开的对话框中，选中【图层选项】选项组中的【选择图层】单选按钮，并单击右侧的下三角按钮，在弹出的下拉列表中选择【背景】选项，单击【确定】按钮，如图 2-82 所示。

图 2-81　　　　　　　　图 2-82

步骤 05 将图层导入【项目】面板中。双击该图层文件,在【素材 背景/08.psd】面板中可以查看该图层文件,如图2-83所示。

图 2-83

第 3 章

关键帧动画——
让静止的图像动起来

内容导读

本章详细介绍在视频动画中创建、编辑和应用关键帧的方法，以及与关键帧动画相关的动画控制功能。其中关键帧部分包括关键帧的设置、选择、移动和删除；高级动画控制部分包括图表编辑器、时间控制、动态草图等，通过这些设置，我们能制作出更复杂的动画效果。而运动跟踪技术是制作高级效果必备的技术。

案例精讲　　科技信息展示

为了更好地完成本设计案例，现对制作要求及设计内容做如下规划，最终效果如图 3-1 所示。

图 3-1

步骤 01 按 Ctrl+O 组合键，打开"素材 \Cha03\ 科技信息展示素材 .aep"素材文件，在【项目】面板中选择"视频素材 02.mp4"文件，将其拖至【时间轴】面板中，并修改名称为"视频素材 02"，如图 3-2 所示。

步骤 02 在【时间轴】面板中拖动时间线，在【合成】面板中观察视频效果，如图 3-3 所示。

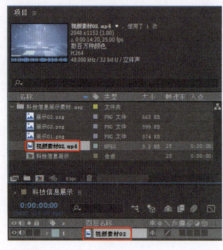

图 3-2　　　　　　　　　　图 3-3

步骤 03 在【项目】面板中将"展示 02.png"素材文件拖至【时间轴】面板中，将其名称修改为"展示 02"，并将【缩放】设置为（35%，35%），如图 3-4 所示。

步骤 04 在【合成】面板中查看设置缩放后的效果，如图 3-5 所示。

第 3 章 关键帧动画——让静止的图像动起来

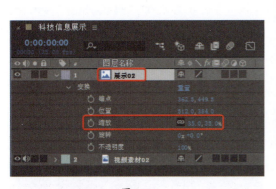

图 3-4

图 3-5

【温馨提示】

在设置缩放时，可以展开图层的【变换】选项组进行设置。

步骤 05 在【时间轴】面板中单击底部的按钮，此时可以对素材的【入】、【出】、【持续时间】和【伸缩】进行设定。此处将【入】设置为 0:00:00:00，将【持续时间】设置为 0:00:03:00，如图 3-6 所示。

步骤 06 将当前时间设置为 0:00:01:00，在【时间轴】面板中展开"展示 02"图层的【变换】选项组，单击【位置】前面的【添加关键帧】按钮，添加关键帧，并将【位置】设置为（833，384），如图 3-7 所示。

图 3-6

图 3-7

【温馨提示】

在设置【入】参数时，也可以首先设置当前时间。例如将当前时间设置为 0:00:11:00，此时按住 Alt 键单击【入】下面的时间数值，则素材图层的起始位置将处于 0:00:11:00。

步骤07 此时在【合成】面板中可以观察"科技信息展示"素材在0:00:01:00处的效果，如图3-8所示。

步骤08 将当前时间设置为0:00:02:00，并将【位置】设置为（202，384），如图3-9所示。

图3-8　　　　　　　　　　　　　　　　图3-9

步骤09 在【合成】面板中可以观察"科技信息展示"素材在0:00:02:00处的效果，如图3-10所示。

步骤10 在【项目】面板中选择"展示01.png"素材文件并将其拖至【时间轴】面板中，将其放置到"展示02"图层的上方，修改名称为"展示01"，将【入】设置为0:00:00:00，将【持续时间】设置为0:00:03:00，如图3-11所示。

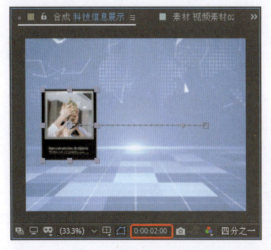

图3-10　　　　　　　　　　　　　　　图3-11

步骤11 将当前时间设置为0:00:01:00，展开"展示01"图层的【变换】选项组，分别单击【位置】和【缩放】前面的【添加关键帧】按钮，并将【位置】设置为（202，384），将【缩放】设置为（35%，35%），如图3-12所示。

步骤 12 此时在【合成】面板中可以观察"科技信息展示"素材在 0:00:01:00 处的效果，如图 3-13 所示。

图 3-12

图 3-13

步骤 13 将当前时间设置为 0:00:02:00，在【时间轴】面板中展开"展示01"图层的【变换】选项组，并将【位置】设置为（512,384），将【缩放】设置为（40%,40%），如图 3-14 所示。

步骤 14 此时在【合成】面板中可以观察"科技信息展示"素材在 0:00:02:00 处的效果，如图 3-15 所示。

图 3-14

图 3-15

步骤 15 在【项目】面板中选择"展示03.png"素材文件并将其拖至【时间轴】面板中，将其放置在"展示01"图层的上方，修改名称为"展示03"，将【入】设置为 0:00:00:00，将【持续时间】设置为 0:00:03:00，如图 3-16 所示。

步骤 16 将当前时间设置为 0:00:01:00，在【时间轴】面板中展开"展示03"图层的【变换】选项组，分别单击【位置】和【缩放】前面的【添加关键帧】按钮，添加关键帧，并将【位置】设置为（512,384），将【缩放】设置为（40%,40%），如图 3-17 所示。

65

图 3-16

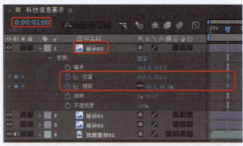
图 3-17

步骤 17 此时在【合成】面板中可以观察"科技信息展示"素材在 0:00:01:00 处的效果，如图 3-18 所示。

步骤 18 将当前时间设置为 0:00:02:00，在【时间轴】面板中展开"展示 03"图层的【变换】选项组，并将【位置】设置为（833，384），将【缩放】设置为（35%，35%），如图 3-19 所示。

图 3-18　　　　　　　　　　图 3-19

步骤 19 此时在【合成】面板中可以观察"科技信息展示"素材在 0:00:02:00 处的效果，如图 3-20 所示。

步骤 20 使用同样的方法制作其他素材文件的展示效果，设置相应的关键帧动画，如图 3-21 所示。

图 3-20　　　　　　　　　　图 3-21

步骤 21 在工具栏中选择【横排文字工具】T，输入"中原科技"。在【字符】面板中，将字体设置为【长城新艺体】，将字体大小设置为 138 像素，将字符间距设置为 300，将字体颜色的 RGB 值设置为（46、92、169），并适当调整文字的位置，如图 3-22 所示。

步骤 22 继续使用横排文字工具输入文字 ZHONG YUAN TECHNOLOGY。在【字符】面板中，将字体设置为【长城新艺体】，将字体大小设置为 66 像素，将字符间距设置为 0，将字体颜色的 RGB 值设置为（46、92、169），单击【全部大写字母】按钮 TT，并适当调整文本的位置，如图 3-23 所示。

图 3-22

图 3-23

步骤 23 在【时间轴】面板中选择上面创建的两个文字图层，将【入】设置为 0:00:09:00，将【持续时间】设置为 0:00:05:18，如图 3-24 所示。

步骤 24 将当前时间设置为 0:00:09:05，在【效果和预设】面板中选择【动画预设】| Text | Animate In |【平滑移入】特效，并分别将其添加到两个文字图层上。当时间为 0:00:10:00 时，在【合成】面板中查看效果，如图 3-25 所示。

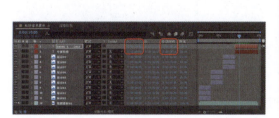

图 3-24

图 3-25

3.1 关键帧的概念

After Effects 通过关键帧来创建和控制动画，即在不同的时间点对对象属性进行修改，而时间点间的变化则由计算机来完成。

当对一个图层的某个参数设置一个关键帧时，表示该图层的某个参数在当前时间有了一个固定值；而在另一个时间点设置了不同参数值的关键帧后，在这一段时间中，该参数的值会由前一个关键帧向后一个关键帧变化。After Effects 会通过计算自动生成两个关键帧之间参数变化的过渡画面，当这些画面连续播放时，就形成了视频动画的效果。

在 After Effects 中，关键帧的创建是在【时间轴】面板中完成的，本质上就是为图层的属性设置动画。在可以设置关键帧属性的效果和参数左侧都有一个 按钮，单击该按钮， 图标变为 状态，表示打开了关键帧记录，并在当前的时间位置设置了一个关键帧，如图 3-26 所示。

将时间线移至一个新的时间位置，对设置关键帧属性的参数进行修改，此时即可在当前的时间位置自动生成一个关键帧，如图 3-27 所示。

图 3-26

图 3-27

如果在一个新位置设置一个与前一个关键帧参数相同的关键帧，可直接单击关键帧导航 中的【在当前时间添加或移除关键帧】按钮 ，当 按钮转换为 状态，即可创建关键帧，如图 3-28 所示。

其中， 表示跳转到上一帧； 表示跳转到下一帧。当关键帧导航显示为 时，表示当前关键帧左侧有关键帧；当关键帧导航显示为 时，表示当前关键帧右侧有关键帧；当关键帧导航显示为 时，表示当前关键帧左侧和右侧都有关键帧。

图 3-28

在【效果控件】面板中，也可以为特效设置关键帧。单击参数前的 按钮，即可打开动画关键帧记录，并添加一处关键帧，因此，只要在不同的时间点改变参数，即可添加多处关键帧。添加的关键帧会在【时间轴】面板中该图层的特效的相应位置显示出来，如图3-29所示。

图 3-29

3.2 关键帧基础操作

在After Effects中，通过对素材位置、比例、旋转、透明度等参数进行设置以及在相应的时间点设置关键帧，就可以制作简单的动画。

3.2.1 位置设置

单击【时间轴】面板中素材名称左边的小三角，可以打开各属性的参数列表，如图3-30所示。

位置是通过改变参数的数值来定位素材的。其参数的设置方法有多种，下面将具体介绍。

- 单击带有下划线的参数值，可以将该参数值激活，如图3-31所示。在该激活的输入框内输入所需的数值，然后单击【时间轴】面板的空白区域或按Enter键确认。
- 将鼠标指针放置在带有下划线的参数上，当鼠标指针变为双向箭头时，按住鼠标左键向左拖动将减小参数值，向右拖动将增大参数值，如图3-32所示。
- 在属性名称上右击，在弹出的快捷菜单中选择【编辑值】命令；或在带有下划线的参数上右击，在弹出的快捷菜单中选择【编辑值】命令，将打开相应的参数设置对话框。图3-33所示为位置参数设置对话框，在该对话框中输入所需的数值并选择单位后，单击【确定】按钮即可完成调整。

图 3-30

图 3-31

图 3-32

图 3-33

3.2.2 创建图层位置关键帧动画

可以通过调节位置参数值来控制素材的位置，达到想要的效果。

创建图层位置关键帧动画的具体操作步骤如下。

步骤 01 将素材001.jpg、002.jpg导入【时间轴】面板中。

步骤 02 单击【时间轴】面板中素材名称左边的小三角，可以打开各属性的参数列表。单击【位置】属性前的按钮，添加关键帧。将时间线拖至图层结尾处，将【位置】参数设置为（75，216.5），添加关键帧，如图3-34所示。

图3-34

步骤 03 拖动时间线即可观看效果，如图3-35所示。

图3-35

3.2.3 创建图层缩放关键帧动画

缩放是通过调节参数的大小来控制素材的大小，达到想要的效果。值得注意的是，当参数值前面出现【约束比例】图标时，表示可以同时改变相互链接的参数值，并且锁定它们之间的比例。单击该图标使其消失，便可以取消参数锁定。

创建图层缩放关键帧动画的具体操作步骤如下。

步骤 01 将素材003.jpg、004.jpg导入【时间轴】面板中。

步骤 02 单击【时间轴】面板中素材名称左边的小三角，可以打开各属性的参数列表。将时间线拖动至图层开始位置处，然后单击【缩放】属性前的按钮，添加关键帧。将时间线拖动至图层结尾处，然后将【缩放】参数设置为（0%，0%），添加关键帧，如图3-36所示。

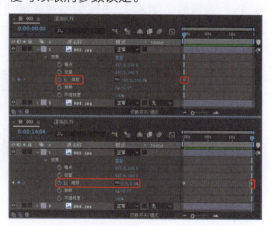

图3-36

步骤 03 拖动时间线即可观看效果，如图 3-37 所示。

图 3-37

3.2.4 创建图层旋转关键帧动画

旋转是指以锚点为中心，通过调节参数来旋转素材，但是要注意两个参数的区别。改变前面数值的大小，将以圆周为单位来调节角度的变化，前面的参数增加或减少 1，表示角度改变 360°；改变后面数值的大小，将以度为单位来调节角度的变化，每增加 360°，前面的参数值就递增一个数值，如图 3-38 所示。

创建图层旋转关键帧动画的具体操作步骤如下。

步骤 01 将素材 005.jpg、006.jpg 导入【时间轴】面板中。

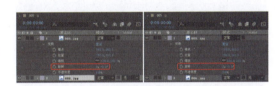

图 3-38

步骤 02 单击【时间轴】面板中素材名称左边的小三角，可以打开各属性的参数列表。将时间线拖动至图层开始位置处，然后单击【旋转】属性前的 按钮，添加关键帧。将时间线拖动至图层结尾处，然后将【旋转】参数设置为 2x+24.0°，添加关键帧，如图 3-39 所示。

步骤 03 拖动时间线即可观看效果，如图 3-40 所示。

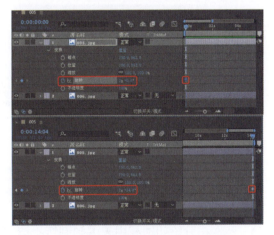

图 3-39

图 3-40

3.2.5 创建图层淡入动画

通过调节透明度参数，可以改变素材的透明度，达到想要的效果。

创建图层淡入动画的具体操作步骤如下。

步骤 01 将素材 007.jpg、008.jpg 导入【时间轴】面板中。

步骤 02 单击【时间轴】面板中素材名称左边的小三角，可以打开各属性的参数列表。将时间线拖动至图层开始位置处，然后将【不透明度】设置为 0%。单击【不透明度】属性前的 ⏱ 按钮，添加关键帧，如图 3-41 所示。

步骤 03 将时间线拖动至图层结尾处，然后将【不透明度】参数设置为 100%，添加关键帧，如图 3-42 所示。

图 3-41

图 3-42

步骤 04 拖动时间线即可观看效果，如图 3-43 所示。

图 3-43

课堂练习——利用关键帧制作不透明动画

本例将介绍如何利用关键帧制作不透明动画。方法是首先新建合成，然后在【合成】面板中输入文字，在【时间轴】面板中设置【不透明度】关键帧，完成后的效果如图 3-44 所示。

步骤 01 启动软件后，在【项目】面板中双击，在弹出的对话框中选择"素材\Cha03\L1.jpg"素材图片，单击【导入】按钮。在【项目】面板中右击，在弹出的快捷菜单中选择【新建合成】命令，弹出【合成设置】对话框。在【基本】选项卡中取消选中【锁定长宽比为 4:3（1.33）】复选框，将【宽度】、【高度】分别设置为 1024px、768px，将【帧速率】设置为 25 帧/秒，单击【确定】按钮，如图 3-45 所示。

第 3 章　关键帧动画——让静止的图像动起来

图 3-44

图 3-45

知识链接　像素长宽比

我们都知道，DVD 的分辨率一般是 720×576 或 720×480，屏幕宽高比为 4:3 或 16:9，但不是所有人都知道像素宽高比 (pixel aspect ratio) 的概念。

4:3 或 16:9 是屏幕宽高比，但如果 720×576 或 720×480 的像素是正方形的，那么屏幕宽高比并不是 4:3 或 16:9。

之所以会出现这种情况，是因为人们忽略了一个重要概念：它们所使用的像素不是正方形的，而是长方形的。

这种长方形像素也有一个宽高比，叫像素宽高比，这个值随制式不同而不同。常见的像素宽高比如下。

- PAL 窄屏 (4:3) 模式 (720×576)，像素宽高比为 1.067，所以，720×1.067 : 576 约等于 4:3。
- PAL 宽屏 (16:9) 模式 (720×576)，像素宽高比为 1.422，同理，720×1.422 : 576 约等于 16:9。
- NTSC 窄屏 (4:3) 模式 (720×480)，像素宽高比为 0.9，同理，720×0.9 : 480 约等于 4:3。
- NTSC 宽屏 (16:9) 模式 (720×480)，像素宽高比为 1.2，同理，720×1.2 : 480 约等于 16:9。

步骤 02　将【项目】面板中的 L1.jpg 素材图片拖拽至【合成】面板中，在工具栏中选择【横排文字工具】 T ，在【合成】面板中输入文字"MISS"。按 Ctrl+6 组合键打开【字符】面板，将字体设置为【汉仪太极体简】，将字体大小设置为 65 像素，将字符间距设置为

20，将填充颜色的 RGB 值设置为（193、11、11），如图 3-46 所示。

步骤 03 在【时间轴】面板中选择文字图层，将其属性列表展开，将【位置】设置为（178，448），将【旋转】设置为 0x-15°，如图 3-47 所示。

图 3-46

图 3-47

步骤 04 在【时间轴】面板的空白处右击，在弹出的快捷菜单中选择【新建】|【文本】命令。在【合成】面板中输入文字"YOU"，在【时间轴】面板中将【位置】设置为（212，510），将【旋转】设置为 0x-15°，在【合成】面板中的效果如图 3-48 所示。

步骤 05 在【项目】面板中右击【合成 L】，在弹出的快捷菜单中选择【合成设置】命令，在弹出的【合成设置】对话框中将【持续时间】设置为 00:00:05:00，单击【确定】按钮，如图 3-49 所示。

图 3-48

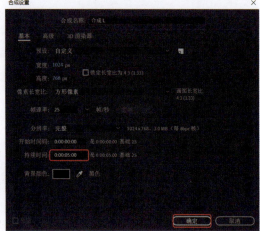

图 3-49

【温馨提示】

　　当某个特定属性的 ⏱ 按钮处于激活状态时，如果用户更改属性值，After Effects 将在当前时间自动添加或更改该属性的关键帧。

第 3 章 关键帧动画——让静止的图像动起来

步骤 06 将当前时间设置为 0:00:00:00，选择 MISS 图层，将【不透明度】设置为 0%，单击其左侧的 按钮，添加关键帧。将时间线拖动至 0:00:01:00 处，将【不透明度】设置为 100%，如图 3-50 所示。

步骤 07 将当前时间设置为 0:00:01:00，选择 YOU 图层，将【不透明度】设置为 0%，单击其左侧的 按钮，添加关键帧。将时间线拖动至 00:00:02:00 处，将【不透明度】设置为 100%，如图 3-51 所示。

图 3-50

图 3-51

至此，使用关键帧制作不透明动画的操作就完成了。

3.3 编辑关键帧

在制作动画的过程中，任何时间用户都可以对关键帧进行编辑，如可以对关键帧进行修改参数、移动、复制等操作。

3.3.1 选择关键帧

根据关键帧的情况不同，可以有多种方法对关键帧进行选择。具体如下。

- 在【时间轴】面板中单击要选择的关键帧，关键帧图标变为 状态，表示已被选中，如图 3-52 所示。
- 如果要选择多个关键帧，按住 Shift 键单击要选择的多个关键帧即可。也可使用鼠标拖出一个选框，对关键帧进行框选，如图 3-53 所示。

图 3-52

图 3-53

- 单击图层的一个属性名称，可将该属性的关键帧全部选中，如图 3-54 所示。
- 创建关键帧后，在【合成】面板中可以看到一条线段，并且上面出现控制点，这些控制点就是设置的关键帧。只要单击这些控制点，就可以选择相对应的关键帧。选中的控制点以实心的方块显示，没选中的控制点则以空心的方块显示。

图 3-54

3.3.2 移动关键帧

移动关键帧的方法如下。

- 移动单个关键帧：如果需要移动单个关键帧，可以选中该关键帧，直接用鼠标将其拖动至目标位置，如图 3-55 所示。
- 移动多个关键帧：如果需要移动多个关键帧，可以框选或者按住 Shift 键选择这些关键帧，然后将其拖动至目标位置，如图 3-56 所示。

图 3-55

图 3-56

- 精确移动关键帧：若要将关键帧精确地移动到目标位置，可先移动时间线的位置，借助时间线来精确移动关键帧。精确移动时间线的方法如下。
  » 先将时间线移至大致的位置，然后按 Page Up（向前）键或 Page Down（向后）键进行逐帧的精确调整。
  » 单击【时间轴】面板左上角的当前时间，此时当前时间变为可编辑状态，如图 3-57 所示。在其中输入精确的时间，然后按 Enter 键确认，即可将时间线移至指定位置。

图 3-57

根据时间线来移动关键帧的方法为：先将时间线移至关键帧所要放置的位置，然后单击关键帧并按住 Shift 键进行移动，移至时间线附近时，关键帧会自动吸附到时间线上。这样，关键帧就被精确地移至指定的位置了。

第 3 章 关键帧动画——让静止的图像动起来

【温馨提示】

按 Home 或 End 键，可将时间线快速移至时间的开始处或结束处。

也可以拉长或缩短关键帧距离，方法为：选择多个关键帧后，按住鼠标左键和 Alt 键的同时向外拖动可以拉长关键帧的距离，向内拖动可以缩短关键帧的距离，如图 3-58 所示。这种改变只是改变了所选关键帧的距离大小，关键帧间的相对距离是不变的。

图 3-58

3.3.3 复制关键帧

如果要对多个图层设置相同的运动效果，可先设置好一个图层的关键帧，对关键帧进行复制后粘贴给其他图层。这样就节省了再次设置关键帧的时间，提高了工作效率。

操作方法为：选择一个图层的关键帧，在菜单栏中选择【编辑】|【复制】命令，对关键帧进行复制。然后选择目标图层，在菜单栏中选择【编辑】|【粘贴】命令，粘贴关键帧。在对关键帧进行复制、粘贴时，可使用快捷键 Ctrl+C（复制）和 Ctrl+V（粘贴）操作。

【温馨提示】

在粘贴关键帧时，关键帧会粘贴在当前时间线的位置。所以，一定要先将时间线移至正确的位置，然后再执行粘贴操作。

3.3.4 删除关键帧

如果操作出现了失误，添加了多余的关键帧，此时可以将不需要的关键帧进行删除。删除关键帧的方法有以下 3 种。

- 按钮删除：将时间线调整至需要删除的关键帧位置，可以看到该属性左侧的【在当前时间添加或移除关键帧】按钮 呈蓝色激活状态。单击该按钮，即可将当前时间位置的关键帧删除，如图 3-59 所示。删除完成后，该按钮呈灰色，如图 3-60 所示。

图 3-59　　　　　　　　　　　图 3-60

- 键盘删除：选择不需要的关键帧，按键盘上的 Delete 键，即可将选中的关键帧删除。
- 菜单删除：选择不需要的关键帧，执行菜单栏中的【编辑】|【清除】命令，即可将选中的关键帧删除。

3.3.5　改变显示方式

关键帧不但可以显示为方形，还可以显示为阿拉伯数字。

在【时间轴】面板的左上角单击 ≡ 按钮，在弹出的下拉菜单中选择【使用关键帧索引】命令，可以将关键帧以数字的形式显示，如图 3-61 所示。

【温馨提示】

使用数字形式显示关键帧时，关键帧会以数字顺序命名，即第一个关键帧为 1，依次往后排。当在两个关键帧之间添加一个关键帧后，该关键帧后面的关键帧会按顺序重新命名。

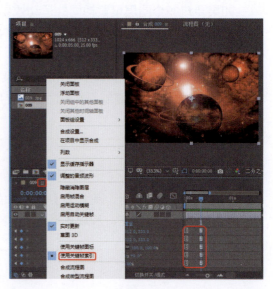

图 3-61

3.3.6　关键帧插值

After Effects 能基于曲线对关键帧进行插值控制。通过调节关键帧的方向手柄，可对插值的属性进行调节。在不同时间，插值的关键帧在【时间轴】面板中的图标也不相同，如图 3-62 中所示的 ◆（线性插值）、■（定格插值）、■（自动贝塞尔曲线插值）、■（连续贝塞尔曲线插值）。

图 3-62

1. 改变插值

在【时间轴】面板中线性插值的关键帧上右击，在弹出的快捷菜单中选择【关键帧插值】命令，将打开【关键帧插值】对话框，如图3-63所示。

在【临时插值】与【空间插值】下拉列表框中可选择不同的插值方式。图3-64所示为不同的关键帧插值方式。

- 【当前设置】：保留已应用在所选关键帧上的插值。
- 【线性】：线性插值。
- 【贝塞尔曲线】：曲线插值。
- 【连续贝塞尔曲线】：连续曲线插值。
- 【自动贝塞尔曲线】：自动曲线插值。
- 【定格】：静止插值。

在【漂浮】下拉列表框中可选择关键帧的空间或时间插值方法，如图3-65所示。

- 【当前设置】：保留当前设置。
- 【漂浮穿梭时间】：以当前关键帧的相邻关键帧为基准，通过自动调整它们在时间上的位置来平滑当前关键帧变化率。
- 【锁定到时间】：保持当前关键帧在时间上的位置，只能手动进行移动。

图 3-63

图 3-64

图 3-65

> 【温馨提示】
>
> 在工具栏中选择【选择工具】，按住 Ctrl 键的同时单击关键帧标记，即可改变当前关键帧的插值。但插值的变化取决于当前关键帧的插值方法。如果关键帧使用线性插值，则变为自动曲线插值；如果关键帧使用曲线插值、连续曲线插值或自动曲线插值，则变为线性插值。

2. 插值介绍

1）线性插值

线性插值是 After Effects 默认的插值方式，它使关键帧产生相同的变化率，具有较强的变化节奏，但效果比较机械呆板。

如果一个图层上所有的关键帧都使用线性插值方式，则从第一个关键帧开始匀速变化到第二个关键帧。到达第二个关键帧后，变化率转为第二至第三个关键帧的变化率，匀速变化到第三个关键帧。关键帧结束，其变化停止。在图表编辑器中可观察到，线性插值关键帧之间的连接线段在值图中显示为直线，如图 3-66 所示。

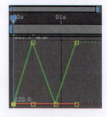

图 3-66

2）贝塞尔曲线插值

应用曲线插值方式的关键帧具有可调节的手柄，用于改变运动路径的形状，它能为关键帧提供精确的插值，具有很好的可控性。

如果图层上的所有关键帧都使用曲线插值方式，则关键帧间都会有一个平稳的过渡。贝塞尔曲线插值通过保持方向手柄平行于连接前一关键帧和下一关键帧的直线来实现。通过调节手柄，可以改变关键帧的变化率，如图 3-67 所示。

3）连续贝塞尔曲线插值

连续贝塞尔曲线插值同贝塞尔曲线插值相似，连续贝塞尔曲线插值在通过一个关键帧时，会产生一个平稳的变化率。与贝塞尔曲线插值不同的是，连续贝塞尔曲线插值的方向手柄在调整时只能保持直线，如图 3-68 所示。

4）自动贝塞尔曲线插值

自动贝塞尔曲线插值在通过关键帧时会产生一个平稳的变化率，它可以对关键帧两边的路径进行自动调节。如果以手动方法调节自动贝塞尔曲线插值，则关键帧插值变为连续贝塞尔曲线插值，如图 3-69 所示。

5）定格插值

定格插值根据时间来改变关键帧的值，关键帧之间没有任何过渡。使用定格插值，第一个关键帧保持其值不变；到下一个关键帧时，值立即变为下一个关键帧的值，如图 3-70 所示。

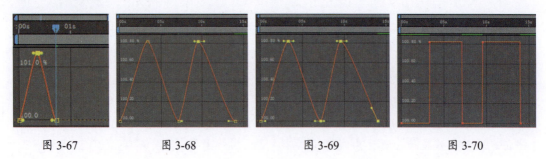

图 3-67　　　　图 3-68　　　　图 3-69　　　　图 3-70

3.3.7 使用关键帧辅助

关键帧辅助可以优化关键帧，对关键帧动画的过渡进行控制，以减缓进入或离开关键帧的速度，使动画更加平滑、自然。

1. 柔缓曲线

该命令可以设置进入和离开关键帧时的平滑速度，可以使关键帧缓入缓出，下面介绍其设置方法。选择需要柔化的关键帧（见图3-71），右击，在弹出的快捷菜单中选择【关键帧辅助】|【缓动】命令，如图3-72所示。

设置完成后的效果如图3-73所示。此时单击【图表编辑器】按钮，可以看到关键帧发生了变化，如图3-74所示。

图3-71　　　　　　图3-72　　　　　　图3-73　　　　　　图3-74

2. 柔缓曲线入点

该命令只影响进入关键帧时的速度，可以使进入关键帧的速度变缓，下面介绍其设置方法。选择需要柔化的关键帧（见图3-75），右击，在弹出的快捷菜单中选择【关键帧辅助】|【缓入】命令，如图3-76所示。

此时可以看到关键帧发生了变化，如图3-77所示。

图3-75　　　　　　　　图3-76　　　　　　　　图3-77

3. 柔缓曲线出点

该命令只影响离开关键帧时的速度，可以使离开关键帧的速度变缓，下面介绍其设置方法。选择需要柔化的关键帧（见图3-78），右击，在弹出的快捷菜单中选择【关键帧辅助】|【缓出】命令，如图3-79所示。

此时可以看到关键帧发生了变化，如图3-80所示。

图3-78　　　　　　　　图3-79　　　　　　　　图3-80

3.3.8 速度控制

在图表编辑器中可观察图层的运动速度，并能对其进行调整。对于图表编辑器中的曲线，线的位置高表示速度快，位置低表示速度慢，如图3-81所示。

在【合成】面板中，可通过观察运动路径上点的间隔来了解速度的变化。路径上两个关键帧之间的点越密集，表示速度越慢；点越稀疏，表示速度越快。

速度调整的方法如下。

1. 调节关键帧间距

通过调节两个关键帧间的空间距离或时间距离，可对动画速度进行调节。在【合成】面板中可调整两个关键帧之间的距离，距离越大，速度越快；距离越小，速度越慢。在【时间轴】面板中也可调整两个关键帧之间的距离，但距离越大，速度越慢；距离越小，速度越快。

图 3-81

2. 控制手柄

在图表编辑器中调节关键帧控制点上的缓冲手柄，可产生加速、减速等效果，如图3-82所示。

拖动关键帧控制点上的缓冲手柄，即可调节该关键帧的速度：向上调节则增大速度，向下调节则减小速度；左右方向调节手柄，可以扩大或减小缓冲手柄对相邻关键帧产生的影响，如图3-83所示。

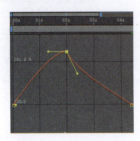

图 3-82

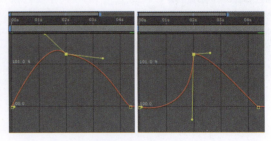

图 3-83

3. 指定参数

在【时间轴】面板中，右击要调整速度的关键帧，在弹出的快捷菜单中选择【关键帧速度】命令，打开【关键帧速度】对话框，如图3-84所示，可在该对话框中设置关键帧速率。当设置该对话框中某个参数时，【时间轴】面板中关键帧的图标也会发生变化。

图 3-84

- 【进来速度】：引入关键帧的速度。
- 【输出速度】：引出关键帧的速度。
- 【速度】：关键帧的平均运动速度。
- 【影响】：控制对前面关键帧（进入插值）或后面关键帧（离开插值）的影响程度。
- 【连续】：选中该复选框，将保持相等的进入和离开速度，产生平稳过渡。

> 【温馨提示】
>
> 在调整速率时，不同属性的关键帧在对话框中的单位也不同。其中锚点和位置的速度单位为像素/秒；遮罩形状的速度单位为像素/秒，该速度有X（水平）和Y（垂直）两个量；缩放的速度单位为百分比/秒，该速度有X（水平）和Y（垂直）两个量；旋转的速度单位为度/秒；不透明度的速度单位为百分比/秒。

3.3.9 时间控制

选择要进行调整的图层并右击，在弹出的快捷菜单中选择【时间】命令，在其子菜单中包含可对当前图层执行的 5 种时间控制命令，如图 3-85 所示。

1. 时间反向图层

应用【时间反向图层】命令，可对当前图层实现反转，即影片倒播。在【时间轴】面板中，设置反转后的图层会显示斜线，如图 3-86 所示。执行【时间反向图层】命令后会发现，当时间线在 0:00:00:00 的位置时，显示为图层的最后一帧。

图 3-85

2. 时间伸缩

应用【时间伸缩】命令，可打开【时间伸缩】对话框，如图 3-87 所示。在该对话框中显示了当前动画的播放时间和伸缩比例。

- 【拉伸因数】：可按百分比设置图层的持续时间。当参数大于 100% 时，图层的持续时间变长，速度变慢；当参数小于 100% 时，图层的持续时间变短，速度变快。
- 【新持续时间】：可为当前图层设置一个精确的持续时间。

当双击某个关键帧时，可以弹出该关键帧的属性对话框。例如双击不透明度参数的其中一个关键帧，即可弹出【不透明度】对话框，如图 3-88 所示。在弹出的对话框中可以改变其参数。

图 3-86

图 3-87

图 3-88

3.3.10 动态草图

在菜单栏中选择【窗口】|【动态草图】命令，可打开【动态草图】面板，如图 3-89 所示。

- 【捕捉速度为】：指定一个百分比，确定记录的速度与绘制路径的速度在回放时的关系。当参数大于 100% 时，回放速度快于绘制速度；当参数小于 100% 时，回放速度慢于绘制速度；当参数等于 100％时，回放速度与绘制速度相同。
- 【平滑】：设置该参数，可以将运动路径进行平滑处理，数值越大路径越平滑。
- 【线框】：选中该复选框，绘制运动路径时，显示图层的边框。
- 【背景】：选中该复选框，绘制运动路径时，显示【合成】面板的内容，可作为绘制运动路径的参考。
- 【开始】：绘制运动路径的开始时间，即【时间轴】面板中工作区域的开始时间。
- 【持续时间】：绘制运动路径的持续时间，即【时间轴】面板中工作区域的总时间。
- 【开始捕捉】：单击该按钮，在【合成】面板中拖动图层，即可绘制运动路径，如图 3-90 所示。释放鼠标后，结束路径绘制，系统跟随绘制的路径自动添加关键帧，如图 3-91 所示。运动路径只能在工作区内绘制，当超出工作区时，系统自动结束路径的绘制。

图 3-89

图 3-90

图 3-91

课后项目练习——点击关注动画

课后项目练习效果展示

本例练习制作点击关注动画,通过设置关键帧来实现动画效果,效果如图3-92所示。

图 3-92

课后项目练习过程概要

步骤 01 按 Ctrl+O 组合键,打开"素材\Cha03\点击关注动画素材.aep"素材文件,在【项目】面板中选择"视频素材04.avi"文件,将其拖至【时间轴】面板中,如图3-93所示。

步骤 02 在【时间轴】面板中拖动时间线,然后在【合成】面板中观察视频效果,如图3-94所示。

图 3-93

图 3-94

步骤 03 在【项目】面板中,将"点击.png"素材文件拖至【时间轴】面板中,将当前时间设置为 0:00:00:20,将【变换】下的【锚点】设置为(1000,1000),将【位置】设置为(561,964),将【不透明度】设置为0%,单击【不透明度】左侧的 按钮,如图3-95所示。

步骤 04 将当前时间设置为 0:00:01:01，将【变换】下的【缩放】设置为（12%,12%），单击【缩放】左侧的 ◎ 按钮，将【不透明度】设置为 100%，如图 3-96 所示。

图 3-95

图 3-96

步骤 05 在【合成】面板中观察 0:00:01:01 时间位置的动画，效果如图 3-97 所示。

步骤 06 将当前时间设置为 0:00:01:05，将【缩放】设置为（10%,10%），如图 3-98 所示。

图 3-97

图 3-98

步骤 07 在【合成】面板中观察 0:00:01:05 时间位置的动画，效果如图 3-99 所示。

步骤 08 将当前时间设置为 0:00:01:08，将【缩放】设置为（12%,12%），将【不透明度】设置为 0%，如图 3-100 所示。

图 3-99

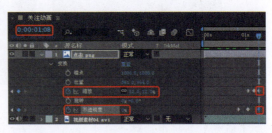
图 3-100

至此，点击关注动画制作完成，拖动时间线即可在【合成】面板中预览效果。

第 4 章

蒙版——画面蒙太奇

内容导读

蒙版就是通过蒙版图层中的图形或轮廓对象透出图层中的内容,本章主要介绍蒙版的创建、蒙版形状的编辑、蒙版属性设置以及遮罩特效等内容。

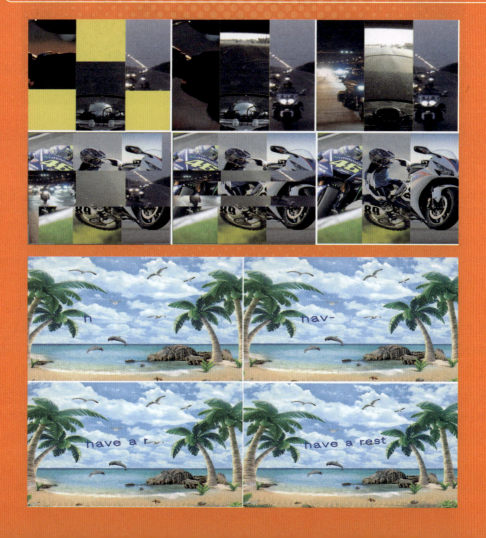

案例精讲 摩托车展示效果

为了更好地完成本设计案例，现对制作要求及设计内容做如下规划，最终效果如图 4-1 所示。

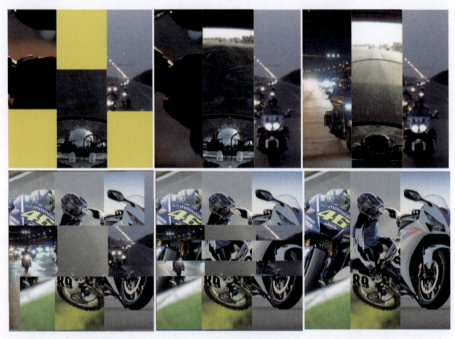

图 4-1

步骤 01 按 Ctrl+O 组合键，打开"素材\Cha04\摩托车展示效果素材.aep"素材文件。在【项目】面板合成文件上右击，在弹出的快捷菜单中选择【合成设置】命令，弹出【合成设置】对话框，将【合成名称】设置为"摩托车展示效果"，【宽度】设置为 600 px，【高度】设置为 634 px，【像素长宽比】设置为【方形像素】，【帧速率】设置为 25 帧/秒，【持续时间】设置为 8 秒，【背景颜色】设置为 #FCDF1D，单击【确定】按钮，如图 4-2 所示。

步骤 02 在【项目】面板中将"摩托车素材 01.mp4"素材文件拖至【时间轴】面板中，将【变换】|【缩放】设置为（60%,60%），如图 4-3 所示。

步骤 03 选中"摩托车素材 01.mp4"图层，在工具栏中选择【矩形工具】■，在【合成】面板中绘制一个矩形蒙版。单击"摩托车素材 01.mp4"图层中的【蒙版】|【蒙版 1】|【蒙版路径】右侧的【形状】按钮，在弹出的【蒙版形状】对话框中，设置【定界框】参数，将【顶部】、【底部】分别设置为 11.7 像素、1075.2 像素，将【左侧】、【右侧】分别设置为 453.2 像素、795.1 像素，选中【重置为】复选框，单击【确定】按钮，如图 4-4 所示。

步骤 04 将当前时间设置为 0:00:01:07，单击【蒙版路径】左侧的■按钮，如图 4-5 所示。

第 4 章 蒙版——画面蒙太奇

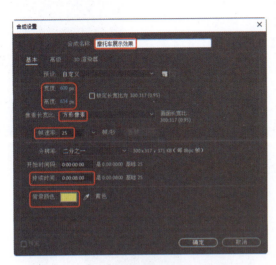

图 4-2

图 4-3

图 4-4

图 4-5

步骤 05 将当前时间设置为 0:00:00:00，单击"摩托车素材 01.mp4"图层中的【蒙版】|【蒙版 1】|【蒙版路径】右侧的【形状】按钮，在弹出的【蒙版形状】对话框中，设置【定界框】参数，将【顶部】、【底部】均设置为 11.7 像素，将【左侧】、【右侧】分别设置为 453.2 像素、795.1 像素，单击【确定】按钮，如图 4-6 所示。

步骤 06 在【项目】面板中将"摩托车素材 02.mp4"素材文件拖至【时间轴】面板中，将【变换】|【缩放】设置为（60%，60%），如图 4-7 所示。

图 4-6

步骤 07 选中"摩托车素材02.mp4"图层,在工具栏中选择【矩形工具】,在【合成】面板中绘制一个矩形蒙版。单击"摩托车素材02.mp4"图层中的【蒙版】|【蒙版1】|【蒙版路径】右侧的【形状】按钮,在弹出的【蒙版形状】对话框中,设置【定界框】参数,将【顶部】、【底部】分别设置为8.2像素、1082像素,将【左侧】、【右侧】分别设置为795.1像素、1143.3像素,选中【重置为】复选框,单击【确定】按钮,如图4-8所示。

步骤 08 将当前时间设置为0:00:01:07,单击【蒙版路径】左侧的 按钮,如图4-9所示。

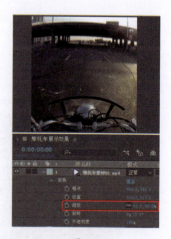

图4-7

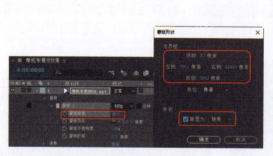

图4-8

图4-9

步骤 09 将当前时间设置为0:00:00:00,单击"摩托车素材02.mp4"图层中的【蒙版】|【蒙版1】|【蒙版路径】右侧的【形状】按钮,在弹出的【蒙版形状】对话框中,设置【定界框】参数,将【顶部】、【底部】均设置为1082像素,将【左侧】、【右侧】分别设置为795.1像素、1143.3像素,单击【确定】按钮,如图4-10所示。

步骤 10 在【项目】面板中将"摩托车素材03.mp4"素材文件拖至【时间轴】面板中,将【变换】|【位置】设置为(505,317),如图4-11所示。

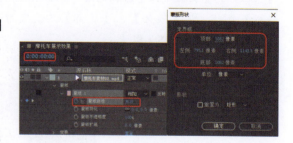

图4-10

步骤 11 选中"摩托车素材03.mp4"图层,在工具栏中选择【矩形工具】,在【合成】面板中绘制一个矩形蒙版。单击"摩托车素材03.mp4"图层中的【蒙版】|【蒙版1】|【蒙版路径】右侧的【形状】按钮,在弹出的【蒙版形状】对话框中,设置【定界框】参数,将【顶部】、【底部】分别设置为36.8像素、679.1像素,将【左侧】、【右侧】

分别设置为545.4像素、742.3像素，选中【重置为】复选框，单击【确定】按钮，如图4-12所示。

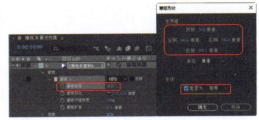

图4-11　　　　　　　　　图4-12

步骤 12　将当前时间设置为0:00:01:07，单击【蒙版路径】左侧的 按钮，如图4-13所示。

步骤 13　将当前时间设置为0:00:00:00，单击"摩托车素材03.mp4"图层中的【蒙版】|【蒙版1】|【蒙版路径】右侧的【形状】按钮，在弹出的【蒙版形状】对话框中，设置【定界框】参数，将【顶部】、【底部】均设置为36.8像素，将【左侧】、【右侧】分别设置为545.4像素、742.3像素，单击【确定】按钮，如图4-14所示。

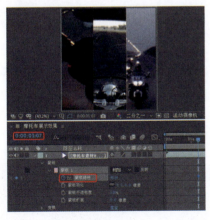

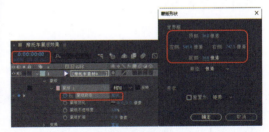

图4-13　　　　　　　　　图4-14

步骤 14　在【项目】面板中将"摩托车.jpg"素材文件拖至【时间轴】面板中。单击【时间轴】面板底部的 按钮，将【入】设置为0:00:03:21，如图4-15所示。

步骤 15　选中"摩托车.jpg"图层，在工具栏中选择【矩形工具】 ，在【合成】面板中绘制一个矩形蒙版。单击"摩托车.jpg"图层中的【蒙版】|【蒙版1】|【蒙版路径】右侧的【形状】按钮，在弹出的【蒙版形状】对话框中，设置【定界框】参数，将【顶部】、【底

部】分别设置为0像素、215像素,将【左侧】、【右侧】分别设置为0像素、600像素,选中【重置为】复选框,单击【确定】按钮,如图4-16所示。

图 4-15

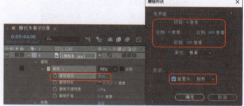

图 4-16

步骤 16 将当前时间设置为0:00:05:11,单击【蒙版路径】左侧的按钮,如图4-17所示。

步骤 17 将当前时间设置为0:00:03:22,单击"摩托车.jpg"图层中的【蒙版】|【蒙版1】|【蒙版路径】右侧的【形状】按钮,在弹出的【蒙版形状】对话框中,设置【定界框】参数,将【顶部】、【底部】分别设置为0像素、215像素,将【左侧】、【右侧】分别设置为0像素、5像素,单击【确定】按钮,如图4-18所示。

步骤 18 继续选中"摩托车.jpg"图层,在工具栏中选择【矩形工具】 ,在【合成】面板中绘制一个矩形蒙版。单击"摩托车.jpg"图层中的【蒙版】|【蒙版2】|【蒙版路径】右侧的【形状】按钮,在弹出的【蒙版形状】对话框中,设置【定界框】参数,将【顶部】、【底部】分别设置为420像素、640像素,将【左侧】、【右侧】分别设置为0像素、600像素,选中【重置为】复选框,单击【确定】按钮,如图4-19所示。

图 4-17

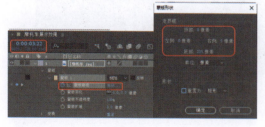

图 4-18

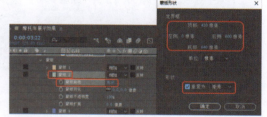

图 4-19

步骤 19 将当前时间设置为0:00:05:11,单击【蒙版路径】左侧的按钮,如图4-20所示。

步骤 20 将当前时间设置为0:00:03:22,单击"摩托车.jpg"图层中的【蒙版】|【蒙版2】|【蒙版路径】右侧的【形状】按钮,在弹出的【蒙版形状】对话框中,设置【定界框】

参数，将【顶部】、【底部】分别设置为420像素、640像素，将【左侧】、【右侧】分别设置为585像素、600像素，单击【确定】按钮，如图4-21所示。

步骤21 继续选中"摩托车.jpg"图层，在工具栏中选择【矩形工具】，在【合成】面板中绘制一个矩形蒙版。单击"摩托车.jpg"图层中的【蒙版】|【蒙版3】|【蒙版路径】右侧的【形状】按钮，在弹出的【蒙版形状】对话框中，设置【定界框】参数，将【顶部】、【底部】分别设置为215像素、420像素，将【左侧】、【右侧】分别设置为0像素、600像素，选中【重置为】复选框，单击【确定】按钮，如图4-22所示。

图4-20

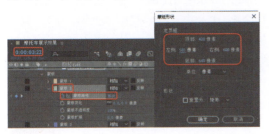

图4-21

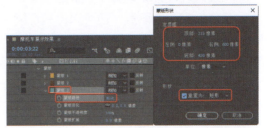

图4-22

步骤22 将当前时间设置为0:00:06:15，单击【蒙版路径】左侧的 按钮，如图4-23所示。

步骤23 将当前时间设置为0:00:05:12，单击"摩托车.jpg"图层中的【蒙版】|【蒙版3】|【蒙版路径】右侧的【形状】按钮，在弹出的【蒙版形状】对话框中，设置【定界框】参数，将【顶部】、【底部】均设置为318像素，将【左侧】、【右侧】分别设置为0像素、600像素，单击【确定】按钮，如图4-24所示。

图4-23

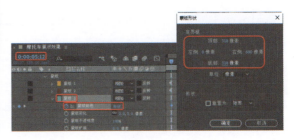

图4-24

步骤 24 操作完成后,即可在【合成】面板中观察效果,如图 4-25 所示。

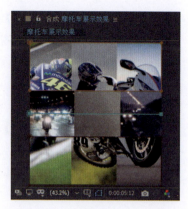

图 4-25

4.1 认识蒙版

一般来说,实现蒙版功能需要有两个图层。而在 After Effects 中,蒙版绘制在图层上,虽然仅有一个图层,但可以将其理解为两个图层:一个是轮廓层,即蒙版层;另一个是被蒙版层,即蒙版下面的图层。其中,蒙版层的轮廓形状决定着看到的图像形状,而被蒙版层决定着显示的内容。

4.2 创建蒙版

在 After Effects 自带的工具栏中,可以利用相关的蒙版工具来创建如矩形、圆形和自由形状的蒙版。

4.2.1 使用矩形工具创建蒙版

使用矩形工具可以创建矩形或正方形蒙版。选择要创建蒙版的图层,在工具栏中选择【矩形工具】▇,然后在【合成】面板中单击并拖动鼠标,即可绘制一个矩形蒙版区域,如图 4-26 所示。在矩形蒙版区域中将显示当前图层的图像,矩形以外的图像将被隐藏。

选择要创建蒙版的图层,然后双击工具栏中的【矩形工具】▇,可以快速创建一个与图层素材大小相同的矩形蒙版。在绘制蒙版时,如果按住 Shift 键,可以创建一个正方形蒙版,如图 4-27 所示。

【温馨提示】

在绘制矩形蒙版时,按住空格键并移动鼠标可以移动绘制的矩形蒙版。

第 4 章 蒙版——画面蒙太奇

图 4-26

图 4-27

4.2.2 使用圆角矩形工具创建蒙版

使用圆角矩形工具创建蒙版与使用矩形工具创建蒙版的方法相同，这里不再赘述，效果如图 4-28 所示。

选择要创建蒙版的图层，然后双击工具栏中的【圆角矩形工具】■，可沿图层的边缘创建一个最大程度的圆角矩形蒙版。在绘制蒙版时，如果按住 Shift 键，可以创建一个圆角的正方形蒙版，如图 4-29 所示。

图 4-28

图 4-29

4.2.3 使用椭圆工具创建蒙版

选择要创建蒙版的图层，在工具栏中选择【椭圆工具】■，然后在【合成】面板中单击并按住 Shift 键拖动鼠标，即可绘制一个正圆形蒙版区域，如图 4-30 所示。在正圆形蒙版区域中将显示当前图层的图像，正圆形以外的部分变成透明。

选择要创建蒙版的图层，然后双击工具栏中的【椭圆工具】■，会沿图像边缘最大程度地创建椭圆形蒙版，如图 4-31 所示。

图 4-30

图 4-31

4.2.4 使用多边形工具创建蒙版

使用多边形工具可以创建一个正五边形蒙版。选择要创建蒙版的图层，在工具栏中选择【多边形工具】，在【合成】面板中单击并拖动鼠标，即可绘制一个正五边形蒙版区域，如图4-32所示。在正五边形蒙版区域中将显示当前图层的图像，正五边形以外的部分变成透明。

图 4-32

> 【温馨提示】
>
> 在绘制蒙版时，如果按住Shift键可固定它们的创建角度。

4.2.5 使用星形工具创建蒙版

使用星形工具可以创建一个星形蒙版，使用该工具创建蒙版的方法与使用多边形工具创建蒙版的方法相同，这里不再赘述，效果如图4-33所示。

图 4-33

4.2.6 使用钢笔工具创建蒙版

使用钢笔工具可以绘制任意形状的蒙版，不但可以绘制封闭的蒙版，还可以绘制开放的蒙版。钢笔工具具有很高的灵活性，可以绘制直线，也可以绘制曲线；可以绘制直角多边形，也可以绘制弯曲的任意形状。

选择要创建蒙版的图层，在工具栏中选择【钢笔工具】，在【合成】面板中单击，创建第1点，然后在其他区域单击创建第2点；如果连续单击下去，可以创建一个直线的蒙版轮廓，如图4-34所示。

如果按住鼠标左键并拖动，则可以绘制一个曲线点，以创建曲线。多次创建后，可以形成一个弯曲的曲线轮廓，如图4-35所示。若使用转换顶点工具，则可以对顶点进行转换，将直线转换为曲线或将曲线转换为直线。

图 4-34　　　　　　　　　　　　图 4-35

如果想绘制开放蒙版，可以在绘制到需要的程度后，按住 Ctrl 键的同时在【合成】面板中单击，即可结束绘制，如图 4-36 所示。

如果要绘制一个封闭的轮廓，则可以将鼠标指针移到开始点的位置，当指针变成 形状时单击，即可将路径封闭，如图 4-37 所示。

图 4-36　　　　　　　　　　　　图 4-37

4.3 编辑蒙版形状

创建完蒙版后，可以根据需要对蒙版的形状进行修改，以更适合图像轮廓的要求。下面将介绍修改蒙版形状的方法。

4.3.1 选择顶点

创建蒙版后，可以在创建的形状上看到小的方形控制点，这些控制点就是顶点。

选中的顶点与没有选中的顶点是不同的，选中的顶点是实心的方形，没有选中的顶点是空心的方形。

选择顶点的方法如下。

- 使用选择工具在顶点上单击，即可选择一个顶点，如图 4-38 所示。如果想选择多个顶点，可以在按住 Shift 键的同时，分别单击要选择的顶点。
- 在【合成】面板中单击并拖动鼠标，将出现一个矩形选框，被矩形选框框住的顶点都将被选中，如图 4-39 所示。

图 4-38　　　　　　　图 4-39

【温馨提示】

在按住 Alt 键的同时单击其中一个顶点，可以选中所有的顶点。

4.3.2　移动顶点

选中蒙版图形的顶点后，移动顶点可以改变蒙版的形状。

移动顶点的操作方法为：在工具栏中选择【选择工具】，在【合成】面板中选中其中一个顶点，如图 4-40 所示。然后拖动顶点到其他位置即可，如图 4-41 所示。

图 4-40　　　　　　　图 4-41

4.3.3　添加 / 删除顶点

通过使用添加顶点工具和删除顶点工具，可以在绘制的形状上添加或删除顶点，从而改变蒙版的轮廓结构。

1. 添加顶点

在工具栏中选择【添加顶点工具】，将鼠标指针移动到路径上需要添加顶点的位置并单击，即可添加一个顶点。图 4-42 所示为添加顶点前后的效果对比。多次在路径上不同的位置单击，可以添加多个顶点。

2. 删除顶点

在工具栏中选择【删除顶点工具】，将鼠标指针移动到需要删除的顶点上并单击，即可删除该顶点。图 4-43 所示为删除顶点前后的效果对比。

图 4-42   图 4-43

【温馨提示】

选择需要删除的顶点，然后在菜单栏中选择【编辑】|【清除】命令或按键盘上的 Delete 键，也可将选择的顶点删除。

4.3.4 顶点的转换

绘制的形状上的顶点分为两种：角点和曲线点，如图 4-44 所示。
- 角点：顶点的两侧都是直线，没有弯曲角度。
- 曲线点：一个顶点有两个控制手柄，可以控制曲线的弯曲程度。

通过使用工具栏中的转换顶点工具，可以将角点和曲线点进行快速转换，转换的操作方法如下。
- 在工具栏中选择【转换顶点工具】，在曲线点上单击，即可将曲线点转换为角点。
- 在工具栏中选择【转换顶点工具】，单击角点并拖动，即可将角点转换成曲线点，如图 4-45 所示。

图 4-44   图 4-45

【温馨提示】
当角点转换成曲线点后，通过使用选择工具手动调节曲线点两侧的控制柄，可以修改蒙版的形状。

4.3.5 蒙版羽化

在工具栏中选择【蒙版羽化工具】，单击蒙版轮廓边缘能够添加羽化顶点，如图4-46所示。

在添加羽化顶点时，按住鼠标左键拖动羽化顶点，可以为蒙版添加羽化效果，如图4-47所示。

图4-46　　　　　　　　　　　　　　　　图4-47

4.4 【蒙版】属性设置

创建蒙版后，会在【时间轴】面板中添加一组新的属性——【蒙版】，如图4-48所示。

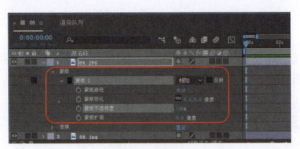

图4-48

4.4.1 锁定蒙版

为了避免操作中出现失误，可以将蒙版锁定，锁定后的蒙版将不能被修改。

锁定蒙版的操作方法为：在【时间轴】面板中展开【蒙版】属性，单击要锁定的【蒙版1】左侧的■图标，此时该图标将变成🔒图标，如图4-49所示，表示该蒙版已锁定。

图 4-49

4.4.2 蒙版的混合模式

当一个图层上有多个蒙版时，可为这些蒙版添加不同的模式来产生各种效果。在【时间轴】面板中选择图层，展开【蒙版】属性。蒙版的默认模式为相加，单击【相加】按钮，在弹出的下拉列表框中可选择蒙版的其他模式，如图4-50所示。

使用椭圆工具和圆角矩形工具为图层绘制两个交叉的蒙版，如图4-51所示。其中蒙版1的模式为相加，下面将通过改变蒙版2的模式来演示效果。

■ 无：选择该模式的路径将起不到蒙版作用，仅作为路径存在，如图4-52所示。

图 4-50　　　　　　　　图 4-51　　　　　　　　图 4-52

■ 相加：使用该模式，在合成图像上显示所有蒙版内容，蒙版相交部分不透明度相加。如图4-53所示，蒙版1的不透明度为80%，蒙版2的不透明度为50%。

■ 相减：使用该模式，上面的蒙版减去下面的蒙版，被减去区域的内容不在合成图像上显示，如图4-54所示。

图 4-53　　　　　　　　　图 4-54

- 交集：该模式只显示所选蒙版与其他蒙版相交部分的内容，如图 4-55 所示。
- 变亮：该模式与相加模式效果相同，但是对于蒙版相交部分的不透明度则采用不透明度较高的那个值。如图 4-56 所示，蒙版 1 的不透明度为 100%，蒙版 2 的不透明度为 60%。
- 变暗：该模式与交集模式效果相同，但是对于蒙版相交部分的不透明度则采用不透明度较小的那个值。如图 4-57 所示，蒙版 1 的不透明度为 100%，蒙版 2 的不透明度为 50%。
- 差值：该模式采取并集减交集的方式，在合成图像上只显示相交部分以外的所有蒙版区域，如图 4-58 所示。

图 4-55　　　　　图 4-56　　　　　图 4-57　　　　　图 4-58

4.4.3　反转蒙版

在默认情况下，只显示蒙版区域以内当前图层的图像，蒙版区域以外将不显示。选中【时间轴】面板中的【反转】复选框，可设置蒙版的反转；在菜单栏中选择【图层】|【蒙版】|【反转】命令，如图 4-59 所示，也可设置蒙版反转。如图 4-60 所示，左图为反转前的效果，右图为反转后的效果。

图 4-59　　　　　　　　　　　　　　图 4-60

4.4.4　蒙版路径

在添加了蒙版的图层中，单击【蒙版】|【蒙版路径】右侧的【形状】按钮，可以弹出【蒙版形状】对话框，如图 4-61 所示。在【定界框】选项组中，通过修改【顶部】、【底部】、【左侧】、【右侧】选项参数，可以修改当前蒙版的大小。在【单位】下拉

列表框中可以为修改值选择一个适当的单位。

在【形状】选项组中可以修改当前蒙版的形状，比如将其改成矩形或椭圆。

- ■ 【矩形】：选择该选项，可以将该蒙版的形状修改为矩形，如图 4-62 所示。
- ■ 【椭圆】：选择该选项可以将该蒙版的形状修改为椭圆，如图 4-63 所示。

图 4-61

图 4-62

图 4-63

课堂练习——照片剪切效果

本案例将介绍如何制作照片剪切效果。方法是首先添加素材图片，然后使用圆角矩形工具绘制蒙版，最后为图层添加投影效果。完成效果如图 4-64 所示。

步骤 01 按 Ctrl+O 组合键，打开"素材\Cha04\照片剪切效果素材.aep"素材文件，将【项目】面板中的"照片素材01.jpg"素材图片添加到【时间轴】面板中，在【合成】面板中观看效果，如图 4-65 所示。

图 4-64

图 4-65

步骤 02 将【项目】面板中的"照片素材04.jpg"素材图片添加到【时间轴】面板中，将【变换】|【位置】设置为（445，652），将【缩放】设置为（70%，70%），如图 4-66 所示。

步骤 03 在工具栏中选择【圆角矩形工具】，在【合成】面板中绘制圆角矩形，创建蒙版。

在【时间轴】面板中，单击【蒙版1】|【蒙版路径】右侧的【形状】按钮，弹出【蒙版形状】对话框，将【顶部】、【底部】分别设置为26像素、1266像素，将【左侧】、【右侧】分别设置为518.6像素、1475像素，单击【确定】按钮，如图4-67所示。

图 4-66

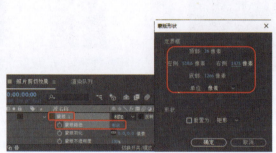
图 4-67

步骤 04 在【效果和预设】面板中搜索【投影】效果，为"照片素材04.jpg"素材文件添加投影效果。在【效果控件】面板中，将【不透明度】设置为56%，将【距离】、【柔和度】分别设置为7、21，如图4-68所示。

步骤 05 将【项目】面板中的"照片素材02.png"素材图片添加到【时间轴】面板中，将【变换】|【位置】设置为（551,186），将【缩放】设置为（48%,48%），如图4-69所示。

步骤 06 将【项目】面板中的"照片素材03.png"素材图片添加到【时间轴】面板中，将【变换】|【位置】设置为（236,1094），将【缩放】设置为（51%,51%），如图4-70所示。

图 4-68

图 4-69

图 4-70

4.4.5 蒙版羽化

通过设置【蒙版羽化】参数，可以对蒙版的边缘进行柔化处理，制作出虚化的边缘效果，如图 4-71 所示。

在菜单栏中选择【图层】|【蒙版】|【蒙版羽化】命令，或在图层的【蒙版】|【蒙版 1】|【蒙版羽化】参数上右击，在弹出的快捷菜单中选择【编辑值】命令，弹出【蒙版羽化】对话框，在其中可设置羽化参数，如图 4-72 所示。

若要单独设置水平羽化或垂直羽化，则在【时间轴】面板中单击【蒙版羽化】右侧的【约束比例】按钮，将约束比例取消，然后即可分别调整水平或垂直的羽化值。

水平羽化和垂直羽化的效果如图 4-73 所示。

图 4-71

图 4-72

图 4-73

4.4.6 蒙版不透明度

通过设置【蒙版不透明度】参数可以调整蒙版的不透明度，图 4-74 所示为该参数分别为 100%（左）和 50%（右）的效果。

在图层的【蒙版】|【蒙版 1】|【蒙版不透明度】参数上右击，在弹出的快捷菜单中选择【编辑值】命令；或在菜单栏中选择【图层】|【蒙版】|【蒙版不透明度】命令，如图 4-75 所示，弹出【蒙版不透明度】对话框，在其中即可设置蒙版的不透明度，如图 4-76 所示。

图 4-74

图 4-75

图 4-76

课堂练习——图像切换效果

下面将讲解通过设置【蒙版羽化】参数与【蒙版不透明度】参数来制作图像切换效果，如图 4-77 所示。其具体操作步骤如下。

步骤 01 在【项目】面板中右击，在弹出的快捷菜单中选择【新建合成】命令。在弹出的【新建合成】对话框中，将【宽度】和【高度】分别设置为 420 px、329 px，将【像素长宽比】设置为 D1/DV PAL(1.09)，将【帧速率】设置为 25 帧 / 秒，将【持续时间】设置为 0:00:03:00，然后单击【确定】按钮，如图 4-78 所示。

图 4-77

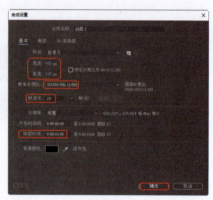

图 4-78

步骤 02 导入"素材 \Cha04\ 风景 1.jpg"和"风景 2.jpg"素材图片，在【项目】面板中选择"风景 1.jpg"素材文件，将其拖至【时间轴】面板中，将【变换】|【缩放】设置为（55%，55%），如图 4-79 所示。

步骤 03 在【项目】面板中选择"风景 2.jpg"素材文件，将其拖至【时间轴】面板中"风景 1"图层的上方，将【变换】|【缩放】设置为（55%，55%），如图 4-80 所示。

图 4-79

图 4-80

第 4 章 蒙版——画面蒙太奇

步骤 04 确认当前时间为 0:00:00:00，在【时间轴】面板中选中"风景 2"图层，使用矩形工具绘制图 4-81 所示的矩形蒙版。然后单击【蒙版】|【蒙版 1】|【蒙版羽化】左侧的 按钮，添加关键帧，如图 4-81 所示。

步骤 05 将当前时间设置为 0:00:01:12，将【蒙版羽化】设置为（800, 800）像素，然后单击【蒙版不透明度】左侧的 按钮，添加关键帧，如图 4-82 所示。

图 4-81　　　　　　　　图 4-82

步骤 06 将当前时间设置为 0:00:02:18，将【蒙版不透明度】设置为 0%，如图 4-83 所示。

步骤 07 将合成添加到渲染队列中并输出视频，然后将场景文件保存即可。

图 4-83

4.4.7 蒙版扩展

蒙版的范围可以通过【蒙版扩展】参数进行调整。当参数值为正值时，蒙版范围将向外扩展，如图 4-84 所示。当参数值为负值时，蒙版范围将向里收缩，如图 4-85 所示。

在图层的【蒙版】|【蒙版1】|【蒙版扩展】参数上右击，在弹出的快捷菜单中选择【编辑值】命令；或在菜单栏中选择【图层】|【蒙版】|【蒙版扩展】命令，如图 4-86 所示，弹出【蒙版扩展】对话框，在其中可以对蒙版的扩展参数进行设置，如图 4-87 所示。

图 4-84　　　　　　图 4-85

图 4-86

图 4-87

4.5　多蒙版操作

After Effects 支持在同一个图层上建立多个蒙版，各蒙版间可以进行叠加。图层上的蒙版将以创建的先后顺序命名、排列，蒙版的名称和排列位置可以改变。

4.5.1　多蒙版的选择

After Effects 可以在同一图层中同时选择多个蒙版进行操作，选择多个蒙版的方法如下。

- 在【合成】面板中，选择一个蒙版后，按住 Shift 键可同时选择其他蒙版的控制点。
- 在【合成】面板中，选择一个蒙版后，按住 Alt+Shift 组合键单击要选择蒙版的一个控制点。
- 在【时间轴】面板中打开图层的【蒙版】属性，按住 Ctrl 键或 Shift 键选择蒙版。
- 在【时间轴】面板中打开图层的【蒙版】属性，使用鼠标框选蒙版。

4.5.2 蒙版的排序

默认状态下，系统以蒙版创建的顺序为蒙版命名，例如"蒙版1""蒙版2"，蒙版的名称和顺序都可改变。改变蒙版的顺序操作方法如下。

- 在【时间轴】面板中选择要改变顺序的蒙版，按住鼠标左键将其拖至目标位置，即可改变蒙版的排列顺序，如图4-88所示。
- 使用菜单命令也可改变蒙版的排列顺序。首先在【时间轴】面板中选择需要改变顺序的蒙版，然后在菜单栏中选择【图层】|【排列】命令，在弹出的子菜单中有4种排列命令，如图4-89所示。
  » 【将蒙版置于顶层】：可以将蒙版移至顶部位置。
  » 【使蒙版前移一层】：可以将蒙版向上移动一层。
  » 【使蒙版后移一层】：可以将蒙版向下移动一层。
  » 【将蒙版置于底层】：可以将蒙版移至底部位置。

图 4-88

图 4-89

4.6 遮罩特效

遮罩特效组中包含调整实边遮罩、调整柔和遮罩、mocha shape、遮罩阻塞工具和简单阻塞工具5种特效。利用遮罩特效，可以对带有Alpha通道的图像进行收缩或描绘。

4.6.1 调整实边遮罩

使用【调整实边遮罩】特效可改善现有实边 Alpha 通道的边缘。【调整实边遮罩】特效是 After Effects 以前版本中【调整遮罩】特效的更新,其参数如图 4-90 所示。

- 【羽化】:增大此值,可平滑边缘,降低遮罩中曲线的锐度。
- 【对比度】:确定遮罩的对比度。如果【羽化】值为 0,则此属性不起作用。与【羽化】属性不同,【对比度】适用于整个遮罩区域,包括边缘部分。
- 【移动边缘】:遮罩相对【羽化】属性值扩展的数量。其作用与【遮罩阻塞工具】效果内的【阻塞】属性非常相似,只是值的范围为 -100%~100%(而非 -127~127)。

图 4-90

- 【减少震颤】:增大此属性值,可减少边缘逐帧移动时的不规则变化。此属性用于确定在跨邻近帧执行加权平均以防止遮罩边缘不规则地逐帧移动时,当前帧应具有多大影响力。如果【减少震颤】值高,则震颤减少程度强,当前帧被认为震颤较少。如果【减少震颤】值低,则震颤减少程度弱,当前帧被认为震颤较多。如果减少震颤值为 0,则认为仅当前帧需要遮罩优化。

> 【温馨提示】
>
> 如果前景物体不移动,但遮罩边缘正在移动和变化,则增加【减少震颤】属性的值。如果前景物体正在移动,但遮罩边缘没有移动,则降低【减少震颤】属性的值。

- 【使用运动模糊】:选中【使用运动模糊】复选框,可用运动模糊渲染遮罩。使用这个选项可渲染高品质图像,虽然比较慢,但能产生更干净的边缘。用户也可以控制样本数和快门角度,其意义与合成设置的运动模糊上下文的意义相同。在【调整实边遮罩】效果中,如要使用中运动模糊,则需要选中此复选框。
- 【净化边缘颜色】:选中【净化边缘颜色】复选框,可净化(纯化)边缘像素的颜色。从前景像素中移除背景颜色,有助于修正运动模糊处理时其中含有背景颜色的前景对象的光晕和杂色。此净化的强度由净化数量决定。
- 【净化数量】:确定净化的强度。
- 【扩展平滑的地】:只有在【减少震颤】值大于 0 并选中【净化边缘颜色】复选框时才起作用,用于清洁为减少震颤而移动的边缘。

- 【增加净化半径】：为边缘颜色净化（也包括任何净化，如羽化、运动模糊和扩展净化）而增加的半径值量（像素）。
- 【查看净化地图】：显示哪些像素将通过边缘颜色净化而被清除。

4.6.2 调整柔和遮罩

【调整柔和遮罩】特效主要是通过调整参数来调整蒙版与背景之间的衔接过渡，使画面过渡更加柔和。此特效使用额外的进程来自动计算更加精细的边缘细节和透明区域，其参数如图 4-91 所示。

- 【计算边缘细节】：计算半透明边缘和边缘区域中的细节。
- 【其他边缘半径】：沿整个边界添加均匀的边界带，描边的宽度由此值确定。
- 【查看边缘区域】：将边缘区域渲染为黄色，前景和背景渲染为灰度图像（背景光线比前景更暗）。
- 【平滑】：沿 Alpha 边界进行平滑，跨边界保存半透明细节。
- 【羽化】：在优化后的区域中模糊 Alpha 通道。图 4-92 所示为【羽化】参数分别为 0%（左）和 50%（右）的效果。
- 【对比度】：在优化后的区域中设置 Alpha 通道对比度。
- 【移动边缘】：相对于【羽化】属性值，遮罩扩展的数量，值的范围为 -100%～100%。
- 【震颤减少】：启用或禁用【震颤减少】。可以选择【更多细节】或【更平滑（更慢）】选项。

图 4-91

图 4-92

- 【减少震颤】：增大此属性值，可减少边缘逐帧移动时的不规则更改。【更多细节】的最大值为 100%，【更平滑（更慢）】的最大值为 400%。
- 【更多运动模糊】：选中此复选框，可用运动模糊渲染遮罩。使用这个选项可渲染高品质图像，虽然比较慢，但能产生更干净的边缘。此选项可以控制样本数和快门角度，其意义与合成设置中运动模糊上下文的意义相同。在【调整柔和遮罩】效果中，源图像中的任何运动模糊都会被保留，只有希望向素材添加效果时才需选中此复选框。
- 【运动模糊】：用于设置抠像区域的动态模糊效果。

- 【每帧采样数】：用于设置每帧图像前后采集运动模糊效果的帧数，数值越大动态模糊越强烈，需要渲染的时间也就越长。
- 【快门角度】：用于设置快门的角度。
- 【较高品质】：选中该复选框，可让图像在动态模糊状态下保持较高的影像质量。
- 【净化边缘颜色】：选中此复选框，可净化（纯化）边缘像素的颜色。从前景像素中移除背景颜色有助于修正经运动模糊处理的其中含有背景颜色的前景对象的光晕和杂色。此净化的强度由【净化数量】值决定。
- 【净化数量】：确定净化的强度。
- 【扩展平滑的地】：只有在【减少震颤】值大于 0 并选中【净化边缘颜色】复选框时才起作用，清洁为减少震颤而移动的边缘。
- 【增加净化半径】：为边缘颜色净化（也包括任何净化，如羽化、运动模糊和扩展净化）而增加的半径值量（像素）。
- 【查看净化地图】：显示哪些像素将通过边缘颜色净化而被清除，其中白色边缘部分为净化半径作用区域，如图 4-93 所示。

图 4-93

4.6.3 mocha shape

mocha shape 特效主要是为抠像图层添加形状或颜色蒙版效果，以便对该蒙版做进一步动画抠像，其参数如图 4-94 所示。

- Blend mode（混合模式）：用于设置抠像图层的混合模式，包括 Add（相加）、Subtract（相减）和 Multiply（正片叠底）3 种模式。
- Invert（反转）：选中该复选框，可以对抠像区域进行反转设置。
- Render edge width（渲染边缘宽度）：选中该复选框，可以对抠像边缘的宽度进行渲染。

图 4-94

- Render type（渲染类型）：用于设置抠像区域的渲染类型，包括 Shape cutout（形状剪贴）、Color composite（颜色合成）和 Color shape cutout（颜色形状剪贴）3 种类型。
- Shape colour（形状颜色）：用于设置蒙版的颜色。
- Opacity（透明度）：用于设置抠像区域的不透明度。

4.6.4 遮罩阻塞工具

【遮罩阻塞工具】特效主要用于对带有 Alpha 通道的图像进行控制，可以收缩和扩展 Alpha 通道图像的边缘，达到修改边缘的效果，其参数如图 4-95 所示。

图 4-95

- 【几何柔和度 1】/【几何柔和度 2】：用于设置边缘的柔和程度。
- 【阻塞 1】/【阻塞 2】：用于设置阻塞的数量。该值为正值则图像扩展，该值为负值则图像收缩。
- 【灰色阶柔和度 1】/【灰色阶柔和度 2】：用于设置边缘的柔和程度。该值越大，边缘柔和程度越强烈。
- 【迭代】：用于设置蒙版扩展边缘的重复次数。图 4-96 所示为【迭代】值分别是 10（左）和 50（右）的效果。

图 4-96

4.6.5 简单阻塞工具

【简单阻塞工具】特效与【遮罩阻塞工具】特效相似，只能作用于带有 Alpha 通道的图像，其参数如图 4-97 所示。

- 【视图】：在右侧的下拉列表框中可以选择显示图像的最终效果。
  - 【最终输出】：表示以图像为最终输出效果。
  - 【遮罩】：表示以蒙版为最终输出效果。图 4-98 所示为遮罩前后的效果对比。

图 4-97

- 【阻塞遮罩】：用于设置蒙版的阻塞程度。该值为正值则图像扩展，该值为负值则图像收缩。图 4-99 所示为【阻塞遮罩】值分别是 -50（左）和 100（右）的效果。

图 4-98

图 4-99

课后项目练习——手写文字动画

课后项目练习效果展示

本例制作手写文字动画,包括用钢笔工具绘制蒙版路径,设置蒙版路径描边等,效果如图 4-100 所示。

图 4-100

课后项目练习过程概要

步骤 01 新建合成,设置【宽度】和【高度】参数,导入背景文件并输入文字。

步骤 02 在图层上使用钢笔工具绘制多个蒙版路径。

步骤 03 为图层添加多个描边效果,设置蒙版路径描边效果。

步骤 04 在【项目】面板中右击,在弹出的快捷菜单中选择【新建合成】命令。在弹出的【新建合成】对话框中,将【宽度】和【高度】分别设置为 1024 px、768 px,将【帧速率】设置为 25 帧/秒,将【持续时间】设置为 0:00:09:00,然后单击【确定】按钮。

步骤 05 在【项目】面板中导入"素材\Cha04\背景 1.jpg"素材文件,并将其添加到【时间轴】面板中,如图 4-101 所示。

步骤 06 在工具栏中选择【横排文字工具】,在【合成】面板的适当位置输入文字,然后将字体设置为 BrowalliaUPC,将字体大小设置为 82 像素,单击【仿粗体】按钮,将背景颜色设置为 #000000,如图 4-102 所示。

第 4 章 蒙版——画面蒙太奇

图 4-101

图 4-102

步骤 07 将文字图层的【变换】属性展开，将【位置】设置为（474.7，395.4），将【旋转】设置为 0x-5.0°，如图 4-103 所示。

步骤 08 选中"背景 1.jpg"图层，在工具栏中选择【钢笔工具】 ，参照英文字母 h，绘制如图 4-104 所示的蒙版路径。

图 4-103

图 4-104

步骤 09 选中"背景 1.jpg"图层，在菜单栏中选择【效果】|【生成】|【描边】命令，如图 4-105 所示。

步骤 10 确认当前时间为 0:00:00:00，在【效果控件】面板中，将【描边】的【路径】设置为【蒙版 1】，将【画笔大小】设置为 3，将【结束】设置为 0%，并单击其左侧的

115

按钮，如图 4-106 所示。

图 4-105

图 4-106

步骤 11 将当前时间设置为 0:00:00:20，在【效果控件】面板中，将【描边】的【结束】设置为 100%，如图 4-107 所示。

步骤 12 选中"背景1.jpg"图层，在工具栏中选择【钢笔工具】，参照英文字母 a，绘制图 4-108 所示的蒙版路径。

图 4-107

图 4-108

步骤 13 选中"背景1.jpg"图层,在菜单栏中选择【效果】|【描边】命令。确认当前时间为0:00:00:20,在【效果控件】面板中,将【描边2】的【路径】设置为【蒙版2】,将【画笔大小】设置为3,将【结束】设置为0%,并单击【结束】左侧的 按钮,如图4-109所示。

步骤 14 将当前时间设置为0:00:01:15,在【效果控件】面板中将【描边2】的【结束】设置为100%,如图4-110所示。

图 4-109

图 4-110

步骤 15 使用相同的方法,绘制其他蒙版路径并设置描边效果,如图4-111所示。

步骤 16 将"背景1.jpg"图层转换为3D图层。将当前时间设置为0:00:00:00,将"背景1.jpg"图层的【变换】|【位置】设置为(513, 390, -200),并单击其左侧的 按钮,如图4-112所示。

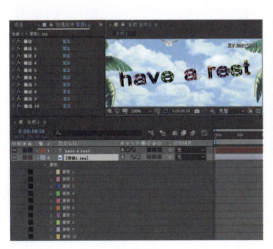

图 4-111

图 4-112

步骤 17 将当前时间设置为 0:00:08:24，将"背景 1.jpg"图层的【变换】|【位置】设置为（513, 390, -40），如图 4-113 所示。

步骤 18 将文字图层的 图标关闭，将其隐藏，如图 4-114 所示。

图 4-113

图 4-114

步骤 19 将合成添加到渲染队列中并输出视频，最后将场景文件保存即可。

第 5 章

3D 图层与摄像机——让视频也有三维空间

内容导读

本章将详细介绍 3D 图层的基本操作、灯光的应用，以及摄像机的应用，其中 3D 图层的基本操作包括创建、移动、缩放、旋转等。最后讲解投影的制作过程，从而实现立体投影的效果。

案例精讲 产品展示效果

为了更好地完成本设计案例,现对制作要求及设计内容做如下规划,最终效果如图 5-1 所示。

图 5-1

步骤 01 启动软件后,按 Ctrl+O 组合键,打开"素材 \Cha05\ 产品展示效果 .aep"素材文件,选中【时间轴】面板中的"产品背景 .jpg"图层,并单击【3D图层】按钮 。在【效果和预设】面板中,搜索 CC Star Burst 效果,将其添加到"产品背景 .jpg"图层上,如图 5-2 所示。

步骤 02 将当前时间线拖动至 0:00:00:00 处,将 Scatter 设置为 56,在【效果控件】面板单击 Scatter 与 Blend w. Original 左侧的 按钮,如图 5-3 所示。

图 5-2

图 5-3

步骤 03 将当前时间设置为 0:00:01:24,将 Scatter 设置为 0,将 Blend w. Original 设置为 100%,如图 5-4 所示。

步骤 04 在【项目】面板中右击,在弹出的快捷菜单中选择【导入】|【文件】命令,弹出【导入文件】对话框。选择"素材 \Cha05\5G 通信 .png"素材文件,并将其拖至【时间轴

面中中，然后单击【3D图层】按钮，如图 5-5 所示。

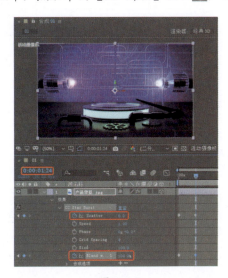

图 5-4

图 5-5

步骤 05 选中【时间轴】面板中的"5G通信.png"图层，将其【缩放】设置为（28%，28%，28%）。将当前时间设置为 0:00:02:10，将【位置】设置为（412.7，-119，0），将【Z轴旋转】设置为 0x+0°，单击【位置】与【Z轴旋转】左侧的 按钮，如图 5-6 所示。

步骤 06 将当前时间设置为 0:00:04:10，将【位置】设置为（412.7，221，0），将【Z轴旋转】设置为 3x+349°，如图 5-7 所示。

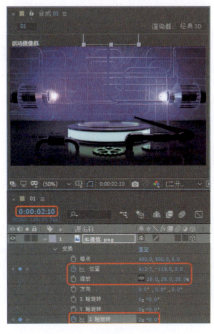

图 5-6

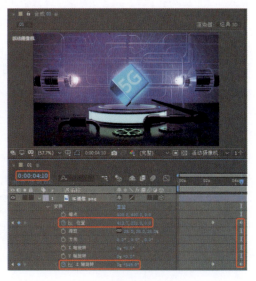

图 5-7

5.1 了解3D

在介绍 After Effects 2022 中的三维合成之前，首先来认识一下什么是 3D。所谓 3D，就是平常所说的三维立体空间的简称，它在几何数学中用（X，Y，Z）坐标系来表示。这个世界是三维的，空间中所有物体也是三维的，它们可以任意地旋转、移动。与 3D 相对的是 2D，也就是所说的二维平面空间，它在几何数学中用（X，Y）坐标系来表示，实际上所有的 3D 物体都是由若干的 2D 物体组成的，二者之间有着密切的联系。

在计算机图形世界中，有 2D 图形和 3D 图形之分。所谓 2D 图形，就是平面几何概念，即所有图像只存在于二维坐标中，并且只能沿着水平轴（X 轴）和垂直轴（Y 轴）运动，它只包含图形元素，像三角形、长方形、正方形、梯形、圆等，它们所使用的坐标系是 X、Y。所谓 3D 图形，就是立体化几何概念，它在二维平面的基础上对图像添加了另外的一个维数元素——距离或者说深度，就形成了立体几何中"立体"的概念，与 2D 图形相对应的是锥体、立方体、球等，它们使用的坐标系是 X、Y、Z。

所谓深度也叫作 Z 坐标，它用于表示一个物体在深度轴（即 Z 轴）上的位置。如果把 X 坐标、Y 坐标看作是左右和上下方向，那么 Z 坐标所代表的就是前后方向。物体的 3D 坐标用（X，Y，Z）表示出来，如果站在坐标轴的中心，那么正的 Z 坐标表示物体位于中心前方，而负的 Z 坐标表示物体位于中心后方。

当将一个图像转变为 3D 图像时，也就是为它增加了深度，这样它就具有了现实空间中物体的属性了，如反射光线、形成阴影以及在三维空间移动等。

5.2 三维空间合成的工作环境

三维空间中的合成对象为我们提供了更广阔的想象空间，同时也产生了更炫酷的效果。在制作影视片头和广告特效时，三维空间的合成尤其有用。

After Effects 和诸多三维软件不同，虽然 After Effects 也具有三维空间合成功能，但它只是一个特效合成软件，并不具备建模能力，所有的层都像是一张纸，只是可以改变其位置、角度而已。

要想将一个图层转化为三维图层，在 After Effects 中进行三维空间的合成，只需将对象的 3D 属性打开。如图 5-8 所示，打开 3D 属性的对象即处于三维空间内。系统在其 X、Y 轴坐标的基础上，自动为其赋予三维空间中的深度概念——Z 轴，并在对象的各项变化中自动添加 Z 轴参数。

图 5-8

5.3 坐标体系

在 After Effects 2022 中提供了 3 种坐标模式，分别是本地轴模式、世界轴模式和视图轴模式。

- 本地轴模式：在该坐标模式下旋转图层时，图层中的各个坐标轴和图层一起被旋转，如图 5-9 所示。
- 世界轴模式：在该坐标模式下的正面视图中观看图像时，X、Y 轴总是成直角；在左侧视图中观看图像时，Y、Z 轴总是成直角；在顶部视图中观看时，X、Z 轴总是成直角，如图 5-10 所示。

图 5-9

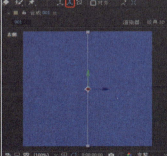
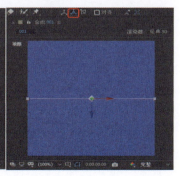

图 5-10

- 视图轴模式：在该坐标模式下，坐标的方向保持不变，无论如何旋转图层，X、Y 轴总是成直角，Z 轴总是垂直于屏幕，如图 5-11 所示。

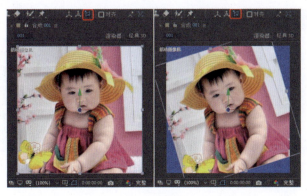

图 5-11

5.4 3D 图层的基本操作

3D 图层的操作与 2D 图层的相似，可以改变 3D 对象的位置、旋转角度，也可以通过调节其坐标参数进行设置。

5.4.1 创建 3D 图层

选择一个 3D 图层，在【合成】面板中可看到一个立体坐标，如图 5-12 所示，其中红色箭头代表 X 轴（水平），绿色箭头代表 Y 轴（垂直），蓝色箭头代表 Z 轴（纵深）。

图 5-12

5.4.2 移动 3D 图层

当一个 2D 图层转换为 3D 图层后，在其原有属性的基础上又会添加一组参数，用来调整 Z 轴，也就是 3D 图层的深度。

用户可通过在【时间轴】面板中改变图层的【位置】参数来移动图层，也可在【合成】面板中使用选择工具直接调整图层的位置。选择一个坐标轴即可在该方向上进行移动，如图 5-13 所示。

在使用选择工具改变 3D 图层的位置时，【信息】面板的下方会显示图层的坐标信息，如图 5-14 所示。

图 5-13

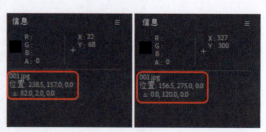

图 5-14

5.4.3 缩放 3D 图层

用户可通过在【时间轴】面板中改变图层的【缩放】参数来缩放图层，也可以使用选择工具在【合成】面板中调整图层的控制点来缩放图层，如图 5-15 所示。

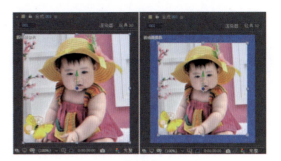

图 5-15

5.4.4 旋转 3D 图层

用户可通过在【时间轴】面板中改变图层的【方向】参数或【X 轴旋转】、【Y 轴旋转】、【Z 轴旋转】参数来旋转图层；还可以使用旋转工具在【合成】面板中直接控制图层进行旋转。如果要单独围绕某一个坐标轴进行旋转，可将鼠标指针移至坐标轴上，当鼠标指针显示为包含该坐标轴名称的图标时，再拖动鼠标即可进行单一方向上的旋转。图 5-16 所示为围绕 X 轴旋转的 3D 图层。

当选择一个图层时，【合成】面板中该图层的四周会出现 8 个控制点。如果使用旋转工具拖动拐角的控制点，图层会绕 Z 轴旋转；如果拖动左右边中间的两个控制点，图层会绕 Y 轴旋转；如果拖动上下边中间的两个控制点，图层会绕 X 轴旋转。

当改变 3D 图层的【X 轴旋转】、【Y 轴旋转】、【Z 轴旋转】参数时，图层会

图 5-16

围绕每个单独的坐标轴旋转，所调整的旋转数值就是图层在该坐标轴上的旋转角度。用户可以在每个坐标轴上添加图层旋转并设置关键帧，以此来创建图层的旋转动画。利用坐标轴的【旋转】属性来创建图层的旋转动画相比应用【方向】属性来生成动画，具有更多的关键帧控制选项，但可能会导致运动结果比预想的要差。利用坐标的【旋转】属性旋转图像对于创建绕一个单独坐标轴旋转的动画是非常有用的。

5.4.5 【材质选项】属性

当 2D 图层转换为 3D 图层后，除了原有属性发生变化外，系统又添加了一组新的属性——【材质选项】，如图 5-17 所示。

【材质选项】属性主要用于控制光线与阴影的关系。在场景中设置灯光后，场景中的图层怎样接受照明，又怎样获得阴影，这都是需要在【材质选项】属性中进行设置的。

图 5-17

- 【投影】：用于设置当前图层是否产生阴影，而阴影的方向和角度取决于光源的方向和角度。选项【关】表示不产生阴影，选项【开】表示产生阴影，选项【仅】表示只显示阴影，不显示图层。图 5-18 所示为这 3 种选项的效果。

图 5-18

> 【温馨提示】
>
> 要使一个 3D 图层投射阴影，一方面要在该图层的【材质选项】属性中设置【接受阴影】选项；另一方面也要在发射光线的灯光图层的【灯光选项】属性中设置【投影】选项。

- 【接受阴影】：用于设置当前图层是否接受其他图层投射的阴影。
- 【接受灯光】：用于设置当前图层是否受场景中灯光的影响。如图 5-19 所示，当前图层为文字图层，左图为【接受灯光】设置为【开】时的效果，右图为【接受灯光】设置为【关】时的效果。
- 【环境】：用于设置当前图层受环境光影响的程度。
- 【漫射】：用于设置当前图层扩散的程度。当设置为 100% 时将反射大量的光线，当设置为 0% 时不反射光线。如图 5-20 所示，左图为将文字图层的【漫射】设置为 0% 时的效果，右图为将文字图层的【漫射】设置为 100% 时的效果。

第 5 章 3D 图层与摄像机——让视频也有三维空间

图 5-19

图 5-20

- 【镜面强度】：用于设置图层上镜面反射高光的亮度，其参数范围为 0% ～ 100%。如图 5-21 所示，左图为将文字图层的【镜面强度】设置为 0% 时的效果，右图为将文字图层的【镜面强度】设置为 100% 时的效果。
- 【镜面反光度】：用于设置当前图层上高光的大小。数值越大，高光越小；数值越小，高光越大。
- 【金属质感】：用于设置图层上镜面高光的颜色。

图 5-21

5.4.6 3D 视图

在 2D 模式下，图层与图层之间是没有空间感的，系统总是先显示处于前方的图层，并且前面的图层会遮住后面的图层。在【时间轴】面板，图层在堆栈中的位置越靠上，在【合成】面板中的位置就越靠前，如图 5-22 所示。

由于 After Effects 2022 中的 3D 图层具有深度属性，因此在不改变【时间轴】面板中图层堆栈顺序的情况下，处于后面的图层也可以被放置到【合成】面板中前面的位置来显示，前面的图层也可以放到其他图层的后面显示。因此，After Effects 的 3D 图层在【时间轴】面板中的图层序列并不代表它们在【合成】面板中的显示顺序，系统会以图层在 3D 空间中的前后来显示各层的图像，如图 5-23 所示。

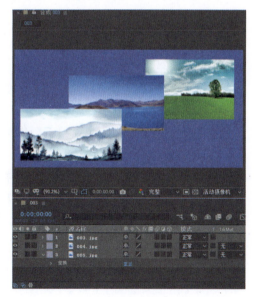

图 5-22

在 3D 模式下，用户可以在多种模式下观察【合成】面板中图层的排列。这些模式大体可以分为两种：正交视图模式和自定义视图模式，如图 5-24 所示。其中正交视图模式包括正面、左侧、顶部、背面、右侧、底部 6 种，用户可以从不同的角度来观察 3D 图层在【合成】面板中的位置，但并不能显示图层的透视效果。自定义视图模式有 3 种，它可以显示图层与图层之间的空间透视效果。在这种视图模式下，用户就好像置身于【合成】面板中的某一高度和角度，同时可以使用摄像机工具来调节所处的高度和角度，以改变观察方位。

图 5-23

图 5-24

用户可以随时更改 3D 视图，以便从不同的角度来观察 3D 图层。要切换视图模式，可以执行下面的操作。

- 单击【合成】面板底部的【3D 视图】按钮 活动摄像机 ，在弹出的下拉列表中可以选择一种视图模式。
- 在菜单栏中选择【视图】|【切换 3D 视图】命令，在弹出的子菜单中可以选择一种视图模式。
- 在【合成】面板或【时间轴】面板中右击，在弹出的快捷菜单中选择【切换 3D 视图】命令，在弹出的子菜单中选择一种视图模式。

如果用户希望在几种经常使用的 3D 视图模式之间快速切换，可以为其设置快捷键。

设置快捷键的方法为：将视图切换到经常使用的视图模式下，例如切换到【自定义视图 1】模式下，然后在菜单栏中选择【视图】|【切换 3D 视图】命令，在弹出的子菜单中选择【自定义视图 1】命令，如图 5-25 所示。这样便将 F11 键作为【自定义视图 1】视图的快捷键。在其他视图模式下，按 F11 键，即可快速切换到【自定义视图 1】视图模式。

用户可以选择菜单栏中的【视图】|【切换到上一个 3D 视图】命令或按 Esc 键快速切换到上一个 3D 视图模式中。注意，该操作只能向上返回一次 3D 视图模式，如果反复执行此操作，【合成】面板会在最近两次使用的 3D 视图模式之间来回切换。

当用户在不同 3D 视图模式间进行切换时，个别图层可能在当前视图中无法完全显示。这时，用户可以在菜单栏中选择【视图】|【查看所有图层】命令来显示所有的图层，如图 5-26 所示。

在菜单栏中选择【视图】|【查看选定图层】命令，只显示当前所选择的图层，如图 5-27 所示。

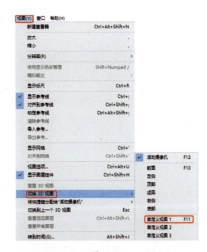

图 5-25

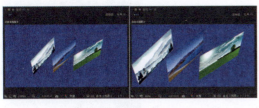

图 5-26

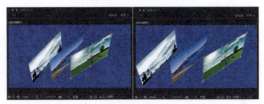

图 5-27

如果用户觉得在几种视图模式之间切换太麻烦，那么可以在【合成】面板中同时打开多个视图，从不同的角度观察图层。单击【合成】面板下方的【选择视图布局】按钮，在弹出的下拉列表中可选择视图的布局方案，如图 5-28 所示。例如选择【4 个视图 - 左侧】、【4 个视图 - 顶部】两种视图方案的效果如图 5-29 所示。

图 5-28

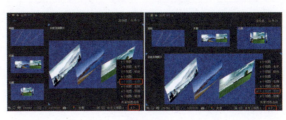

图 5-29

5.5 灯光的应用

在制作合成动画中，使用灯光可模拟现实世界中的真实效果，并能够渲染影片气氛，突出重点。

5.5.1 创建灯光

在 After Effects 2022 中，灯光是一个图层，它可以用来照亮其他的图像层。用户可以在一个场景中创建多个灯光，并且有 4 种不同的灯光类型可供选择。

要创建一个照明用的灯光来模拟现实世界中的光照效果，可以执行下面的操作：在菜单栏中选择【图层】|【新建】|【灯光】命令，如图 5-30 所示。弹出【灯光设置】对话框，在其中对灯光设置后，单击【确定】按钮，即可创建灯光，如图 5-31 所示。

图 5-30

【温馨提示】

在【合成】面板或【时间轴】面板中右击，在弹出的快捷菜单中选择【新建】|【灯光】命令，也可弹出【灯光设置】对话框。

图 5-31

5.5.2 灯光类型

After Effects 2022 中提供了 4 种类型的灯光，即平行、聚光、点和环境，选择不同的灯光类型会产生不同的灯光效果。在【灯光设置】对话框的【灯光类型】下拉列表中可选择所需的灯光。

- 平行：这种类型的灯光可以模拟现实中的平行光效果，如探照灯。它从一个点光源发出一束平行光线，光照范围无限远。它可以照亮场景中位于目标位置的每一个物体或画面，并不会因为距离而衰减，如图 5-32 所示。
- 聚光：这种类型的灯光可以模拟现实中的聚光灯效果，如手电筒。它是从一个点光源发出的锥形光线，它的照射面积受锥角大小的影响，锥角越大照射面积越大，锥角越小照射面积越小。该类型的灯光还受距离的影响，距离越远，亮度越弱，照射面积越大，如图 5-33 所示。

- 点：这种类型的灯光可以模拟现实中的散光灯效果，如照明灯。灯的光线从某个点向四周发射，如图 5-34 所示。
- 环境：该光线没有发光点，光线从远处射来照亮整个环境，并且不会产生阴影，如图 5-35 所示。可以为这种类型的灯光发出的光线设置颜色，并且整个环境的颜色也会随着灯光颜色的不同发生改变，与置身于五颜六色的霓虹灯下的效果相似。

图 5-32　　　　图 5-33　　　　图 5-34　　　　图 5-35

5.5.3　灯光的属性

在创建灯光时，可以先设置好灯光的属性，也可以先创建灯光然后再在【时间轴】面板中修改属性，如图 5-36 所示。

- 【强度】：用于控制灯光亮度。当值为 0% 时，场景变黑。当值为负值时，可以起到吸光的作用。当场景中有其他灯光时，【强度】属性为负值的灯光可减弱场景中的光照强度。如图 5-37 所示，（a）是灯光强度为 50% 的效果，（b）是灯光强度为 100% 的效果，（c）是灯光强度为 150% 的效果。

图 5-36

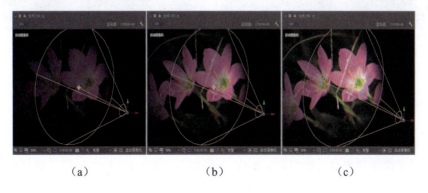

（a）　　　　　　（b）　　　　　　（c）

图 5-37

- 【颜色】：用于设置灯光的颜色。单击右侧的色块，在弹出的【颜色】对话框中可设置一种颜色，也可以使用色块右侧的吸管工具在工作界面中拾取一种颜色，从而创建出有色光照射的效果。
- 【锥形角度】：当选择聚光灯类型时才出现该参数。该选项用于设置灯光的照射范围，角度越大，光照范围越大；角度越小，光照范围越小。图5-38所示为参数值分别为60.0°（左）和90.0°（右）的效果。
- 【锥形羽化】：当选择聚光灯类型时才出现该参数。该参数用于设置聚光灯照明区域边缘的柔和度，默认值为50%。当设置为0%时，照明区域边缘界线比较明显。参数越大，边缘越柔和。图5-39所示为设置不同的【锥形羽化】参数后的效果。

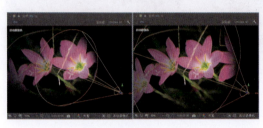

图 5-38

图 5-39

- 【投影】：设置为【开】，打开投影。灯光会在场景中产生投影。
  » 【阴影深度】：用于设置阴影的颜色深度，默认设置为100%。参数越小，阴影的颜色越浅。图5-40所示为参数分别是100%（左）和40%（右）的效果。
  » 【阴影扩散】：用于设置阴影的漫射扩散大小。值越高，阴影边缘越柔和。图5-41所示为参数分别是0像素（左）和40像素（右）的效果。

图 5-40

图 5-41

课堂练习——立体投影效果

本例将讲解投影的制作过程，其中通过对素材文件设置【材质选项】属性，然后通过灯光设置，使素材呈现投影效果。完成后的效果如图5-42所示，具体操作方法如下。

步骤01 启动软件后，按Ctrl+N组合键，弹出【合成设置】对话框，将【合成名称】设置为"人物投影"。在【基本】选项卡中，将【宽度】和【高度】分别设置为1024 px和768 px，将【像素长宽比】设置为【方形像素】，将【帧速率】设置为25帧/秒，将【持续时间】设置为 0:00:05:00，单击【确定】按钮，如图 5-43 所示。

图 5-42

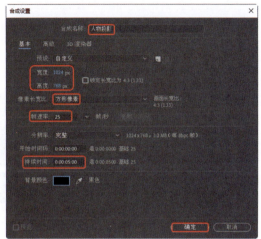

图 5-43

步骤 02 切换到【项目】面板并双击，弹出【导入文件】对话框，导入"素材\Cha05\儿童人物.png"和"投影墙.png"文件。在【项目】面板中选择"投影墙.png"文件，将其添加到【时间轴】面板中。开启 3D 图层，在【变换】选项组中将【缩放】设置为（34%，34%，34%），如图 5-44 所示。

步骤 03 切换到【合成】面板，查看调整后的效果，如图 5-45 所示。

步骤 04 返回到【时间轴】面板，打开"投影墙.png"图层的【材质选项】属性，将【接受灯光】设置为【关】，如图 5-46 所示。

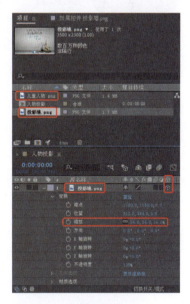

图 5-44

图 5-45

图 5-46

步骤 05 在【项目】面板中选择"儿童人物.png"素材文件,将其拖至【时间轴】面板中并放置到"投影墙.png"图层的上方,开启3D图层,如图5-47所示。

步骤 06 展开"儿童人物.png"图层的【变换】属性,将【位置】设置为(277.3, 541.3, -244.2),将【缩放】设置为(26%, 26%, 26%),将【X轴旋转】设置为0x+13°,如图5-48所示。

图 5-47   图 5-48

知识链接 聚光灯

聚光灯(spot light)指使用聚光镜或反射镜等聚成的光。反射灯的点光型比较简单,对于超近摄影,利用显微镜的照明装置或幻灯机照明,可获得效果较好的点光照明。照度强、照幅窄、便于朝场景中的特定区位集中照射的灯,是摄影棚内用得最多的一种灯。聚光灯可以投射出高度定向性光束。它可以产生很亮的高光区以及线条鲜明、影调深暗的阴影区。只用几盏聚光灯并不能营造出动人的戏剧性效果。在多数情况下,人们总是综合运用泛光和聚光灯,这样既可保证整体布光柔和,又能使强光区轮廓鲜明、清晰而明亮。

步骤 07 展开【材质选项】属性,将【投影】设置为【开】,如图5-49所示。

步骤 08 切换到【合成】面板,在其中查看设置的效果,如图5-50所示。

图 5-49   图 5-50

第 5 章 3D 图层与摄像机——让视频也有三维空间

步骤 09 在【时间轴】面板中右击，在弹出的快捷菜单中选择【新建】|【灯光】命令，如图 5-51 所示。

步骤 10 弹出【灯光设置】对话框，将【灯光类型】设置为【聚光】，将【颜色】设置为白色，将【强度】设置为 113%，将【锥形角度】设置为 90°，将【锥形羽化】设置为 50%，将【衰减】设置为【无】，选中【投影】复选框，将【阴影深度】设置为 43%，将【阴影扩散】设置为 0px，单击【确定】按钮，如图 5-52 所示。

图 5-51

步骤 11 选择创建的"聚光 1"图层，将【目标点】设置为（359.3, 448.4, -396.4），将【位置】设置为（502.6, 545.2, -900），如图 5-53 所示。

步骤 12 设置完成后，在【合成】面板中查看效果，如图 5-54 所示。

图 5-52

图 5-53

图 5-54

5.6 摄像机的应用

在 After Effects 2022 中，可以借助摄像机灵活地从不同角度和距离观察 3D 图层，并可以为摄像机添加关键帧，得到精彩的动画效果。After Effects 2022 中的摄像机与现实中的摄像机相似，用户可以调节它的镜头类型、焦距大小、景深等。

在 After Effects 2022 中，合成影像中的摄像机在【时间轴】面板中也是以一个图层的形式出现的，在默认状态下，新建的摄像机图层总是排列在图层堆栈的最上方。After Effects 2022 虽然以活动摄像机的视图模式显示合成影像，但是合成影像中并不包含摄像机，这只不过是 After Effects 2022 使用的一种默认的视图模式而已。

每创建一个摄像机，在【合成】面板右下角的 3D 视图模式列表中就会添加一个摄像机名称，用户随时可以选择需要的摄像机视图模式来观察合成影像。

创建摄像机的方法是：在菜单栏中选择【图层】|【新建】|【摄像机】命令，打开【摄像机设置】对话框，如图 5-55 所示。在该对话框中进行设置，单击【确定】按钮，即可创建摄像机。

图 5-55

【温馨提示】

在【合成】面板或【时间轴】面板中右击，在弹出的快捷菜单中选择【新建】|【摄像机】命令，也可以弹出【摄像机设置】对话框。

5.6.1 参数设置

在新建摄像机时会弹出【摄像机设置】对话框，用户在该对话框中可以对摄像机的镜头、焦距等进行设置。

【摄像机设置】对话框中各项参数的含义如下。

- 【名称】：用于设置摄像机的名称。在 After Effects 系统默认的情况下，用户在合成影像中所创建的第一个摄像机命名为"摄像机 1"，以后创建的摄像机就依次命名为"摄像机 2""摄像机 3""摄像机 4"等，数值逐渐增大。
- 【预设】：用于设置摄像机镜头的类型。After Effects 中提供了几种常见的摄像机镜头类型，以便模拟现实中不同摄像机镜头的效果。这些摄像机镜头是以它们的焦距大小来表示的，从 35 毫米的标准镜头到 15 毫米的广角镜头以及 200 毫米的鱼眼镜头，用户都可以在这里找到；当选择这些镜头时，它们的一些参数都会调到相应的数值。
- 【缩放】：用于设置摄像机位置与视图面之间的距离。
- 【胶片大小】：用于模拟真实摄像机中所使用的胶片尺寸，与合成画面的大小相对应。
- 【视角】：视图角度的大小由焦距、胶片尺寸和缩放决定，也可以自定义设置，以使用宽视角或窄视角。

- 【合成大小】：显示合成的高度、宽度或对角线的参数，以【量度胶片大小】中的设置为准。
- 【启用景深】：用于建立真实的摄像机调焦效果。选中该复选框，可对景深进行进一步的设置，如焦距、光圈值等。
- 【焦距】：用于设置摄像机焦点范围的大小。
- 【锁定到缩放】：当选中该复选框时，系统将焦点锁定到镜头上。这样，在改变镜头视角时焦点始终与其一起变化，使画面保持相同的聚焦效果。
- 【光圈】：用于调节镜头快门的大小。镜头快门开得越大，受聚焦影响的像素就越多，模糊范围就越大。
- 【光圈大小】：用于改变透镜的大小。
- 【模糊层次】：用于设置景深模糊的大小。
- 【单位】：可以选择像素、英寸或毫米作为单位。
- 【量度胶片大小】：可将测量标准设置为水平、垂直或对角。

5.6.2 使用工具控制摄像机

在 After Effects 2022 中创建了摄像机后，单击【合成】面板右下角的【3D 视图】按钮 活动摄像机 ，在弹出的下拉列表中会出现相应的摄像机名称，如图 5-56 所示。

当以摄像机视图的方式观察当前合成图像时，用户就不能在【合成】面板中对当前摄像机进行直接调整了，这时调整摄像机视图的最好办法就是使用摄像机工具。

After Effects 2022 中提供的摄像机工具主要用来旋转、移动和推拉摄像机视图。需要注意的是，通过摄像机工具不会更改摄像机镜头参数设置及关键帧动画，只能通过调整摄像机角度观察当前视图。

图 5-56

- 【轨道摄像机工具】 ：该工具用于旋转摄像机视图。使用该工具可向任意方向旋转摄像机视图。
- 【跟踪 XY 摄像机工具】 ：该工具用于水平或垂直移动摄像机视图。
- 【跟踪 Z 摄像机工具】 ：该工具用于缩放摄像机视图。

课后项目练习——倒影效果

课后项目练习效果展示

通过给素材添加不同的特效,制作出倒影效果,如图5-57所示。

图 5-57

课后项目练习过程概要

步骤 01 启动软件后,按Ctrl+N组合键,弹出【合成设置】对话框,将【合成名称】设置为"倒影"。在【基本】选项卡中,将【宽度】和【高度】分别设置为1024 px、768 px,将【像素长宽比】设置为【方形像素】,将【帧速率】设置为25帧/秒,将【持续时间】设置为0:00:05:00,单击【确定】按钮,如图5-58所示。

步骤 02 切换到【项目】面板并双击,弹出【导入文件】对话框,选择"素材\Cha05\手机.png"素材文件,然后单击【导入】按钮。在【项目】面板中,可以查看导入的素材文件,如图5-59所示。

【温馨提示】

　　帧速率是指每秒钟刷新图片的帧数,也可以理解为图形处理器每秒钟能够刷新几次。对影片内容而言,帧速率是指每秒钟所显示的静止帧格数。要生成平滑连贯的动画效果,帧速率一般不小于8 fps;而电影的帧速率为24 fps。捕捉动态视频内容时,此数字越高越好。

第 5 章　3D 图层与摄像机——让视频也有三维空间

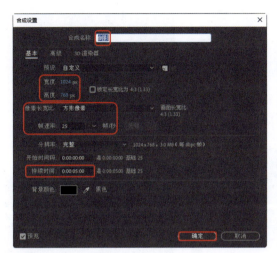
图 5-58

图 5-59

步骤 03　在【项目】面板的"倒影"名称上右击，在弹出的快捷菜单中选择【新建】|【纯色】命令，弹出【纯色设置】对话框。将【名称】设置为"背景"，将【宽度】和【高度】分别设置为 1024 像素和 768 像素，将【颜色】设置为白色，单击【确定】按钮，如图 5-60 所示。

步骤 04　按 Ctrl+5 组合键，打开【效果和预设】面板，在搜索框中输入"梯度渐变"，此时会在【效果和预设】面板中显示搜索的效果，如图 5-61 所示。

图 5-60

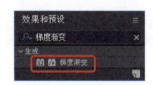
图 5-61

步骤 06　选择【梯度渐变】效果，将其添加到"背景"图层上。激活【效果控件】面板，将【起始颜色】的 RGB 值设置为（175、175、175），如图 5-62 所示。

步骤 06　在【项目】面板中选择"手机.png"，将其拖至【时间轴】面板中"背景"图层的上方，并将其【位置】设置为（652，314），将【缩放】设置为（50%，50%），如图 5-63 所示。

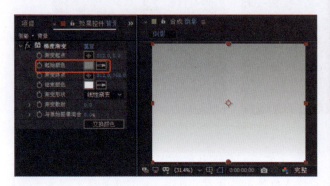

图 5-62　　　　　　　　　　　　　　图 5-63

步骤 07 在【时间轴】面板中选择"手机.png"图层，按 Ctrl+D 组合键对其进行复制，并将复制的图层的名称设置为"倒影"。单击【3D 图层】按钮，开启 3D 图层，如图 5-64 所示。

步骤 08 在【时间轴】面板中展开"倒影"图层的【变换】属性，将【位置】设置为（652，842,0），将【X 轴旋转】设置为 0x+180°，如图 5-65 所示。

图 5-64　　　　　　　　　　　　　　图 5-65

步骤 09 在【效果和预设】面板中搜索【线性擦除】效果，将其添加到"倒影"对象上。在【效果控件】面板中，将【过渡完成】设置为 83%，将【擦除角度】设置为 0x-180°，将【羽化】设置为 289，如图 5-66 所示。

步骤 10 设置完成后，在【合成】面板中查看效果，如图 5-67 所示。

第 5 章　3D 图层与摄像机——让视频也有三维空间

图 5-66　　　　　　　　　　　　图 5-67

步骤 11 在工具栏中选择【横排文字工具】按钮 T，在【合成】面板中输入"音乐手机"。在【字符】面板中将【字体】设置为【Adobe 黑体 Std】，将【填充颜色】设置为黑色，将【字体大小】设置为 75 像素，将【水平缩放】设置为 128%，单击【仿粗体】按钮 T，效果如图 5-68 所示。

步骤 12 在【效果和预设】面板中，搜索【百叶窗】效果，并将其添加到文字图层上。将时间线拖动至 0:00:00:00，单击【过渡完成】左侧的 ◎ 按钮，将【过渡完成】设置为 100%，将【方向】设置为 0x+22°，将【宽度】设置为 30；将时间线拖动至 0:00:04:00，将【过渡完成】设置为 0%，如图 5-69 所示。

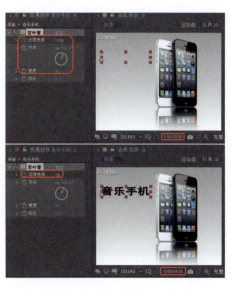

图 5-68　　　　　　　　　　　　图 5-69

【温馨提示】

　　【线性擦除】效果是按指定方向对图层执行简单的线性擦除。使用"草图"品质时，擦除的边缘不会消除锯齿；使用"最佳"品质时，擦除的边缘会消除锯齿且羽化是平滑的。

第 6 章

扭曲与透视特效——展开的历史画卷

内容导读

本章将详细介绍图片特效制作，通过运用扭曲特效、透视特效制作出奇特效果。

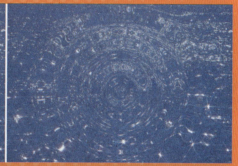

案例精讲　　水面波纹效果

为了更好地完成本设计案例，现对制作要求及设计内容做如下规划，最终效果如图 6-1 所示。

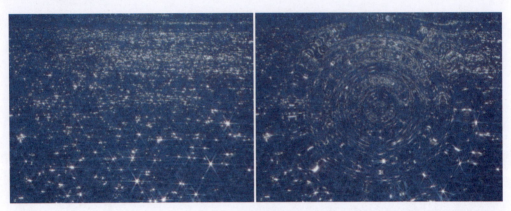

图 6-1

步骤 01 新建一个合成文件，按 Ctrl+N 组合键，在弹出的【合成设置】对话框中将【宽度】、【高度】分别设置为 1024 px、768 px，将【像素长宽比】设置为【方形像素】，将【持续时间】设置为 0:00:05:00，如图 6-2 所示。

步骤 02 设置完成后，单击【确定】按钮。按 Ctrl+I 组合键，在弹出的对话框中选择 001.jpg 素材文件，导入【项目】面板中。按住鼠标左键，将该素材文件拖至【时间轴】面板中，并将其【变换】属性中的【缩放】设置为（190%，190%），如图 6-3 所示。

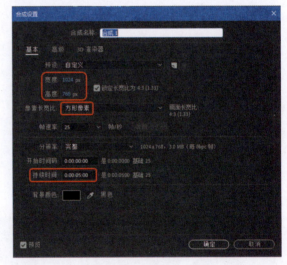

图 6-2

步骤 03 选中该图层，在菜单栏中选择【效果】|【扭曲】|【波纹】命令，在【时间轴】面板中将【波纹】属性中的【半径】设置为 35，将【波纹中心】设置为（325,220），将【转换类型】设置为【对称】，将【波形宽度】、【波形高度】分别设置为 30、300，如图 6-4 所示。

第 6 章 扭曲与透视特效——展开的历史画卷

图 6-3

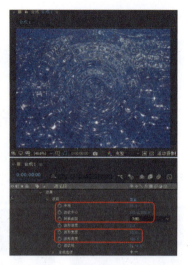

图 6-4

6.1 扭曲特效

扭曲特效主要是对素材进行扭曲、拉伸或挤压等变形操作，它既可以对画面的形状进行校正，也可以通过对普通的画面进行变形得到特殊效果。After Effects 2022 提供了【CC 两点扭曲】、【CC 透镜】、【CC 卷页】、【极坐标】、【液化】、【放大】等扭曲特效类型。

6.1.1 CC Bend It（CC 两点扭曲）特效

【CC 两点扭曲】特效通过在图像上定义两个控制点来模拟图像被吸引到这两个控制点上的效果。该特效的参数如图 6-5 所示，其设置前后的效果对比如图 6-6 所示。

图 6-5

图 6-6

参数解释如下。

- Bend（弯曲）：用于设置对象的弯曲程度。数值越大，对象弯曲度越大，反之越小。
- Start（开始）：用于设置开始点的坐标。
- End（结束）：用于设置结束点的坐标。

- Render Prestart（渲染前）：可以在右侧的下拉列表框中选择一种模式设置开始点的状态。
- Distort（扭曲）：可以在右侧的下拉列表框中选择一种模式来设置结束点的状态。

6.1.2 CC Bender（CC 弯曲）特效

CC Bender（CC 弯曲）特效可以使图像产生弯曲的效果，其参数和设置前后的效果如图 6-7 和图 6-8 所示。

图 6-7　　　　　　　　　　　　　　图 6-8

参数解释如下。
- Amount（数量）：用于设置对象的扭曲程度。
- Style（样式）：可以在右侧的下拉列表框中选择一种模式设置图像弯曲的方式，其中包括 Bend（弯曲）、Marilyn（玛丽莲）、Sharp（锐利）、Boxer（拳手）4 个选项。
- Adjust To Distance（调整方向）：选择【关】时，可以控制弯曲的方向。
- Top（顶部）：设置顶部坐标的位置。
- Base（底部）：设置底部坐标的位置。

6.1.3 CC Blobbylize（CC 融化溅落点）特效

CC Blobbylize（CC 融化溅落点）特效主要为对象纹理部分添加融化效果，通过调节 Blobbiness、light、Shading 3 组特效参数达到想要的效果。其参数和设置前后的效果分别如图 6-9 和图 6-10 所示。

图 6-9　　　　　　　　　　　　　　图 6-10

参数解释如下。

- **Blobbiness（滴状斑点）**：主要用来调整对象的扭曲程度和样式。
    - Blob Layer（滴状斑点层）：用于设置产生融化溅落点效果的图层。默认情况下为添加效果的层，也可以选择【无】或其他层。
    - Property（特性）：可以从右侧的下拉列表框中选择一种特性来改变扭曲的形状。
    - Softness（柔和）：用于设置滴状斑点边缘的柔和程度。如图 6-11 所示为不同柔和值时的效果。
    - Cut Away（剪切）：用于调整被剪切部分的多少。
- **Light（光）**：调整图像光的强度及整个图像的色调。
    - Using（使用）：用于设置图像的照明方式，其中提供了 Effect Light（效果灯光）、AE Light（AE 灯光）两种方式。
    - Light Intens（光强度）：用于设置图像受光照程度的强弱。数值越大，受光照程度也就越强。图 6-12 所示为不同光强度时的效果。

图 6-11

图 6-12

- Light Color（光颜色）：用于设置光的颜色，可以调节图像的整体色调。
    - Light Type（光类型）：用于设置照明灯光的类型，包括 Distant Light（远光灯）（见图 6-13）和 Point Light（点光灯）两种类型（见图 6-14）。
    - Light Height（光线长度）：用于设置光线的长度，可以调整图像的曝光度。
    - Light Position（光位置）：用于设置平行光产生的方向。当灯光类型为点光灯时才可用。
    - Light Direction（光方向）：用于调整光照射的方向。当灯光类型为远光灯时才可用。
- **Shading（阴影）**：用于设置图像明暗程度。
    - Ambient（环境）：用于设置环境光的明暗程度。数值越小，照明的效果就越明显；数值越大，照明的效果越不明显，如图 6-15 所示。

图 6-13

图 6-14

图 6-15

- » Diffuse（漫反射）：用于调整光反射的程度。数值越大，反射程度越强，图像越亮。数值越小，反射程度越弱，图像越暗。
- » Specular（高光反射）：用于设置图像的高光反射的强度。
- » Roughness（边缘粗糙）：用于设置照明光在图像中形成光影的粗糙程度。数值越大，阴影效果就越淡。
- » Metal（质感）：用于设置效果中金属质感的程度。数值越大，金属质感越低。

6.1.4 CC Flo Motion（CC 液化流动）特效

CC Flo Motion（CC 液化流动）特效是利用图像的两个边角位置的变化对图像进行变形处理，该特效的参数及设置前后的效果分别如图 6-16 和图 6-17 所示。

图 6-16　　　　　　　　　图 6-17

参数解释如下。

- ■ Finer Controls（精细控制）：当选中该复选框时，图形的变形更细致。
- ■ Kont 1（控制点 1）：用于设置控制点 1 的位置。
- ■ Amount 1（数量 1）：用于设置控制点 1 位置处图像拉伸的重复度。
- ■ Kont 2（控制点 2）：用于设置控制点 2 的位置。
- ■ Amount 2（数量 2）：用于设置控制点 2 位置处图像拉伸的重复度。
- ■ Tile Edges（背景显示）：当该复选框没有被选中时，表示背景图像不显示。
- ■ Antialiasing（抗锯齿）：在右侧的下拉列表框中设置抗锯齿的程度，包括 Low（低）、Medium（中）、High（高）3 种程度。
- ■ Falloff（衰减）：用于设置图像拉伸的重复程度。数值越小，重复度越大；数值越大，重复度越小。

6.1.5 CC Griddler（CC 网格变形）特效

CC Griddler（CC 网格变形）特效是通过设置水平和垂直缩放比例来对原始图像进行缩放，而且可以将图像进行网格化处理，并平铺至原图像大小，其参数和设置前后的效果分别如图 6-18 和图 6-19 所示。

图 6-18　　　　　　　　　　图 6-19

参数解释如下。

- Horizontal Scale（横向缩放）：用于设置水平方向的偏移程度。
- Vertical Scale（纵向缩放）：用于设置垂直方向的偏移程度。
- Tile Size（拼贴大小）：用于设置对象中每个网格尺寸的大小。数值越大，网格越大；数值越小，网格越小。
- Rotation（旋转）：用于设置图像中每个网格的旋转角度。图 6-20 所示分别为旋转前后的效果。
- Cut Tiles（拼贴剪切）：选中该复选框，网格边缘会出现黑边，并有凸起效果。

图 6-20

6.1.6　CC Lens（CC 透镜）特效

CC Lens（CC 透镜）特效可以使图像产生透镜效果，该特效的参数及设置前后的效果分别如图 6-21 和图 6-22 所示。

图 6-21　　　　　　　　　　图 6-22

参数解释如下。

- Center（中心）：用于设置创建透镜效果的中心。
- Size（大小）：用于设置变形图像的尺寸大小。
- Convergence（聚合）：用于设置透镜效果中图像像素的聚焦程度。图 6-23 所示为聚合前后的效果对比。

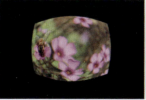 

图 6-23

6.1.7　CC Page Turn（CC 卷页）特效

CC Page Turn（CC 卷页）特效主要用来模拟图像卷页的效果，并可以制作出卷页的动画，例如可以创建书本翻页的动画效果。该特效的参数和添加特效前后的对比分别如图 6-24 和图 6-25 所示。

图 6-24　　　　　　　　　　　　　　图 6-25

参数解释如下。

- Controls（控制）：用于设置图像卷页的类型，其中提供 Classic UI（典型 UI）、Top Left Corner（左上角）、Top Right Corner（右上角）、Bottom Left Corner（左下角）和 Bottom Right Corner（右下角）5 种类型。
- Fold Position（折叠位置）：用于设置书页卷起的程度。在合适的位置添加关键帧，可以产生书页翻动的效果。
- Fold Direction（折叠方向）：用于设置书页卷起的方向。
- Fold Radius（折叠半径）：用于设置折叠时的半径大小。
- Light Direction（光方向）：用于设置折叠时产生的光的方向。
- Render（渲染）：在右侧的下拉列表框中可以选择一种方式来设置渲染部位，包括 Front&Back Page（前 & 背页）、Back Page（背页）和 Front Page（前页）3 个选项。
- Back Page（背页）：在右侧的下拉列表框中可以选择一个层作为背页的图案。这里层是当前时间线上的某一层。
- Back Opacity（背页不透明）：用于设置卷起时背页的不透明度。
- Paper Color（纸张颜色）：用于设置纸张的颜色。

6.1.8　CC Power Pin（CC 动力角点）特效

CC Power Pin（CC 动力角点）特效主要通过为图像添加 4 个边角控制点来对图像进行变形操作，通过该特效可以制作出透视效果。该特效的参数及添加效果前后的对比分别如图 6-26 和图 6-27 所示。

  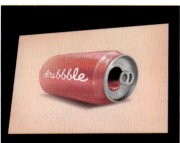

图 6-26　　　　　　　　　　　图 6-27

参数解释如下。

- Top Left（左上角）：用于设置左上角控制点的位置。
- Top Right（右上角）：用于设置右上角控制点的位置。
- Bottom Left（左下角）：用于设置左下角控制点的位置。
- Bottom Right（右下角）：用于设置右下角控制点的位置。
- Perspective（透视）：用于设置图像的透视强度。
- Expansion（扩充）：用于设置变形后边缘的扩充程度。

6.1.9　CC Ripple Pulse（CC 涟漪扩散）特效

CC Ripple Pulse（CC 涟漪扩散）特效主要用来模拟涟漪扩散的效果。该特效的参数及添加特效前后的对比分别如图 6-28 和图 6-29 所示。

参数解释如下。

- Center（中心）：用于设置涟漪扩散中心的位置。
- Pulse Level（Animate）（脉冲等级）：用于设置涟漪扩散的程度。数值越大，效果越明显。
- Time Span（sec）（时间长度秒）：用于设置涟漪扩散每次出现的时间跨度。当值为 0 时，没有涟漪扩散效果。
- Amplitude（振幅）：用于设置涟漪的振动幅度。
- Render Bump Map（RGBA）（渲染贴图）：当选中该复选框时，不显示背景贴图。

图 6-28

图 6-29

6.1.10 CC Slant（CC 倾斜）特效

CC Slant（CC 倾斜）特效可以使对象产生平行倾斜。其参数如图 6-30 所示，添加效果前后的对比如图 6-31 所示。

参数解释如下。

- Slant（倾斜）：用于设置图像的倾斜程度。
- Stretching（拉伸）：选中该复选框，可以将倾斜后的图像展开。
- Height（高度）：用于设置图像的高度。
- Floor（地面）：用于设置图像与视图底部的距离。
- Set Color（设置颜色）：选中该复选框，可以为图像填充颜色。
- Color（颜色）：用于设置填充颜色。此选项只有在选中 Set Color 复选框时才可使用。

图 6-30

图 6-31

6.1.11 CC Smear（CC 涂抹）特效

CC Smear（CC 涂抹）特效是在原图像中设置控制点的位置，并通过调整该特效的参数来模拟手指在图像中进行涂抹的效果。其参数和添加效果前后的对比分别如图 6-32 和图 6-33 所示。

图 6-32

参数解释如下。

- From（开始点）：用于设置涂抹开始点的位置。
- To（结束点）：用设置涂抹结束点的位置。
- Reach（涂抹范围）：用于设置开始点与结束点之间涂抹的范围。图 6-34 所示为其值为 50 和 100 时的不同效果。
- Radius（涂抹半径）：用于设置涂抹半径的大小。图 6-35 所示为设置不同半径时的效果。

图 6-33

图 6-34　　　　　　　　　图 6-35

6.1.12　CC Split（CC 分割）特效与 CC Split 2（CC 分割 2）特效

CC Split（CC 分割）特效可以使对象在两个分裂点之间产生分裂，以达到想要的效果。该特效的参数和应用特效前后的对比分别如图 6-36 和图 6-37 所示。

参数解释如下。

- Point A（分裂点 A）：用于设置分裂点 A 的位置。
- Point B（分裂点 B）：用于设置分裂点 B 的位置。

图 6-36　　　　　　　　图 6-37

- Split（分裂）：用于设置分裂的大小。数值越大，两个分裂点之间的分裂口越大。

CC Split 2（CC 分割 2）特效的使用方法与 CC Split（CC 分割）特效相同。该特效参数和应用特效前后的对比分别如图 6-38 和图 6-39 所示。

  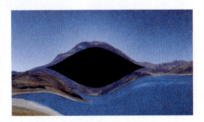

图 6-38　　　　　　　　图 6-39

6.1.13　CC Tiler（CC 平铺）特效

CC Tiler（CC 平铺）特效可以使图像经过缩放后，在不影响原图像品质的前提下，快速地布满整个合成窗口。该特效的参数及应用特效前后的对比分别如图 6-40 和图 6-41 所示。

参数解释如下。

- Scale（缩放）：用于设置拼贴图像的多少。
- Center（拼贴中心）：用于设置图像拼贴的中心位置。
- Blend w.Original（混合程度）：用于调整拼贴后的图像与原图像之间的混合程度，值越大越清晰。图 6-42 所示为不同值时的效果。

图 6-40

图 6-41

图 6-42

6.1.14 【贝塞尔曲线变形】特效

【贝塞尔曲线变形】特效通过调整图像四周的贝塞尔曲线来对图像进行扭曲变形。该特效的参数如图 6-43 所示。应用【贝塞尔曲线变形】特效前后的对比如图 6-44 所示。

图 6-43

图 6-44

参数解释如下。

- 【上左/右上/下右/左下顶点】：分别用于调整图像 4 个边角上的顶点位置。
- 【上左/上右/右上/右下/下右/下左/左下/左上切点】：分别用于调整相邻顶点之间曲线的形状。每个顶点都包含两条切线。
- 【品质】：用于设置图像弯曲后的品质。

6.1.15 【边角定位】特效

【边角定位】特效是通过改变图像 4 个角的位置来进行变形，也可以用来模拟拉伸、收缩、倾斜、透视等效果。该特效的参数如图 6-45 所示。使用【边角定位】特效制作

第 6 章　扭曲与透视特效——展开的历史画卷

的效果如图 6-46 所示。

图 6-45　　　　　　　　　　　　　图 6-46

参数解释如下。

- 【左上】：用于定位左上角的位置。
- 【右上】：用于定位右上角的位置。
- 【左下】：用于定位左下角的位置。
- 【右下】：用于定位右下角的位置。

6.1.16　【变换】特效

【变换】特效可以对图像的位置、尺寸、不透明度等进行综合调整，以使图像产生扭曲变形效果。该特效的参数及应用特效前后的对比分别如图 6-47 和图 6-48 所示。

图 6-47　　　　　　　　　　　　　图 6-48

参数解释如下。

- 【锚点】：用于设置图像变换中心点的坐标。
- 【位置】：用于设置图像的位置。
- 【统一缩放】：选中该复选框，可对图像的宽度和高度进行等比例缩放。
- 【缩放】：用于设置图像的缩放比例。当取消选中【统一缩放】复选框时，【缩放】选项将变为【高度比例】和【宽度比例】两项，可以分别设置图像的高度和宽度的缩放比例。将【高度比例】和【宽度比例】分别设置为 50 和 100 时的效果如图 6-49 所示。

- 【倾斜】：用于设置图像的倾斜度。
- 【倾斜轴】：用于设置图像倾斜轴线的角度。
- 【旋转】：用于设置图像的旋转角度。
- 【不透明度】：用于设置图像的透明度。
- 【使用合成的快门角度】：选中该复选框，使用【合成】面板中的快门角度，否则使用特效中设置的角度作为快门角度。
- 【快门角度】：快门角度的设置，它将决定运动模糊的程度。
- 【采样】：包括双线性和双立方两种采样方式。

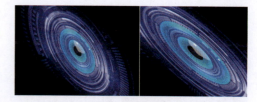

图 6-49

6.1.17 【变形】特效

【变形】特效可以使图像产生不同形状的变化，如弧形、鱼形、膨胀、挤压等。其参数及应用特效前后的对比分别如图 6-50 和图 6-51 所示。

图 6-50

图 6-51

参数解释如下。

- 【变形样式】：用于设置图像的变形样式，包括弧形、下弧形、上弧形等样式。
- 【变形轴】：用于设置变形对象沿水平轴或垂直轴变形。
- 【弯曲】：用于设置图像的弯曲程度。数值越大，图像越弯曲，图 6-52 所示为不同数值时的效果。
- 【水平扭曲】：用于设置水平方向的扭曲度。
- 【垂直扭曲】：用于设置垂直方向的扭曲度。

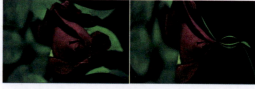

图 6-52

6.1.18 【变形稳定器】特效

【变形稳定器】特效用来稳定运动，它可以消除因为摄像机移动导致的抖动，将抖动的手持式素材转换为稳定平滑的拍摄。该特效的参数如图 6-53 所示。将效果添加到图层后，对素材的分析立即在后台开始。当分析开始时，两个横幅中的第一个将显示在【合成】面板中以指示正在进行分析。当分析完成时，第二个横幅将显示一条消息，指出正在进行稳定，如图 6-54 所示。

第 6 章 扭曲与透视特效——展开的历史画卷

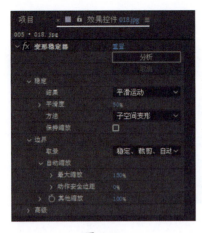

图 6-53　　　　　　　　　　　　图 6-54

参数解释如下。

- 【分析】：首次应用【变形稳定器】时不需要单击此按钮，系统会自动为用户激活按钮。【分析】按钮将保持为灰显状态，直至发生某个更改。
- 【取消】：取消正在进行的分析。在分析期间，状态信息将显示在【取消】按钮旁边。
- 【稳定】：用于调整稳定流程。
  » 【结果】：控制素材的预期结果，包括平滑运动和无运动两种。
  » 【平滑度】：选择在多大程度上对摄像机的原始运动进行稳定。较低的值将更接近于摄像机的原始运动，而较高的值将更加平滑。高于 100 的值需要对图像进行更多裁切。当【结果】设置为【平滑运动】时该选项才可用。
  » 【方法】：选择对素材执行操作的稳定化方式，包括位置，位置、缩放、旋转，透视，子空间变形 4 种方法。
  » 【保持缩放】：当选中该复选框时，阻止变形稳定器尝试通过缩放来调整向前和向后的摄像机运动。
- 【边界】：用于设置调整为被稳定的素材处理边界（移动的边缘）的方式。
  » 【取景】：控制边缘在稳定结果中如何显示，包括仅稳定，稳定、裁剪，稳定、裁剪、自动缩放，稳定、人工合成边缘 4 种方式。
  » 【自动缩放】：显示当前的自动缩放量，并允许用户对自动缩放量设置限制。通过将【取景】设置为【稳定、裁剪、自动缩放】可启用自动缩放。
  » 【最大缩放】：限制为进行稳定而将剪辑放大的最大量。
  » 【动作安全边距】：当为非零值时，自动缩放不会尝试对其进行填充。
  » 【其他缩放】：使用与在【变换】选项组中的【缩放】属性相同的结果放大剪辑，但是避免对图像进行额外的重新取样。

157

6.1.19 【波纹】特效

【波纹】特效可以在图像上模拟波纹效果。其参数及应用特效前后的对比分别如图 6-55 和图 6-56 所示。

图 6-55

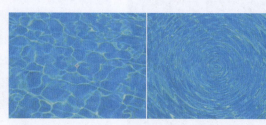

图 6-56

参数解释如下。
- 【半径】：用于设置波纹的半径大小。数值越大，效果越明显。
- 【波纹中心】：用于设置波纹效果的中心位置。
- 【转换类型】：用于设置波纹的类型，其中提供了对称、不对称 2 种类型。
- 【波形速度】：用于设置波纹扩散的速度。当值为正时，波纹向外扩散；当值为负时，波纹向内扩散。
- 【波形宽度】：用于设置两个波峰间的距离。
- 【波形高度】：用于设置波峰的高度。
- 【波纹相】：用于设置波纹的相位。利用该选项，可以制作波纹动画。

6.1.20 【波形变形】特效

【波形变形】特效可以使图像产生一种类似水波浪的扭曲效果。该特效的参数及应用特效前后的对比分别如图 6-57 和图 6-58 所示。

参数解释如下。
- 【波浪类型】：用于设置波纹的类型，其中提供了正弦、锯齿、半圆形等 9 种类型。图 6-59 所示是【波浪类型】分别设置为【锯齿】（左）和【半圆形】（右）的效果。
- 【波形高度】：用于设置波形的高度。

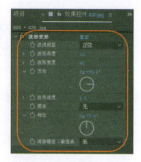

图 6-57

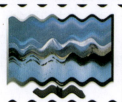

图 6-58

图 6-59

- 【波形宽度】：用于设置波形的宽度。
- 【方向】：用于设置波形弯曲的方向。
- 【波形速度】：用于设置波形的移动速度。
- 【固定】：用于设置图像中不产生波形效果的区域，其中提供了【无】、【所有边缘】、【左边】、【底边】等9个选项。
- 【相位】：用于设置波形的位置。
- 【消除锯齿（最佳品质）】：用于设置波形弯曲效果的渲染品质，其中提供了低、中、高3种类型。

6.1.21 【放大】特效

【放大】特效是在不损害图像的情况下，将局部区域进行放大，并可以设置放大后的画面与原图像的混合模式。该特效的参数及应用特效前后的对比分别如图6-60和图6-61所示。

图 6-60　　　　　　　　　　　　　　图 6-61

参数解释如下。

- 【形状】：用于设置放大区域以哪种形状显示，其中包括圆形和正方形两种形状。
- 【中心】：用于设置放大区域中心在原图像中的位置。
- 【放大率】：用来调整放大镜的倍数。数值越大，放大倍数越大。
- 【链接】：用来设置放大镜与放大率的关系，包括【无】、【大小至放大率】、【大小和羽化至放大率】3个选项。
- 【大小】：用于设置放大镜的大小。
- 【羽化】：用来设置放大镜的边缘柔化程度。
- 【不透明度】：用于设置放大镜的透明程度。
- 【缩放】：从右侧的下拉列表框中可以选择一种缩放的比例，包括【标准】、【柔和】、【散布】3个选项。
- 【混合模式】：从右侧的下拉列表框中可以选择放大区域与原图像的混合模式，与层模式的设置方法相同。
- 【调整图层大小】：选中该复选框，可以调整图层的大小。

6.1.22 【改变形状】特效

【改变形状】特效可以借助几个遮罩，重新限定图像的形状，并产生变形效果。其参数及应用特效前后的对比效果分别如图 6-62 和图 6-63 所示。

图 6-62　　　　　　　　　　　　图 6-63

参数解释如下。

- 【源蒙版】：在右侧的下拉列表框中可选择要变形的遮罩。
- 【目标蒙版】：用于产生变形目标的蒙版。
- 【边界蒙版】：从右侧的下拉列表框中可以指定变形的边界蒙版区域。
- 【百分比】：用于设置变形效果的百分比。
- 【弹性】：用于设置原图像与遮罩边缘的匹配度，其中提供了【生硬】、【正常】、【松散】、【液态】等 9 个选项。
- 【对应点】：用于显示源蒙版和目标蒙版对应点的数量。对应点越多，渲染时间越长。
- 【计算密度】：在右侧的下拉列表框中可以选择【分离】、【线性】和【平滑】等选项。

6.1.23 【光学补偿】特效

【光学补偿】特效用来模拟摄影机的光学透视效果。其参数及应用特效前后的对比分别如图 6-64 和图 6-65 所示。

图 6-64　　　　　　　　　　　　图 6-65

参数解释如下。

- 【视场（FOV）】：用于设置镜头的视野范围。数值越大，光学变形程度越大。

- 【反转镜头扭曲】：选中该复选框，镜头的变形效果将反向处理。
- 【FOV 方向】：用于设置视野区域的方向，其中提供了水平、垂直和对角 3 种方式。
- 【视图中心】：用于设置视图中心点的位置。
- 【最佳像素（反转无效）】：选中该复选框，将对变形的像素进行最佳优化处理。
- 【调整大小】：用于调节反转效果的大小。选中【反转镜头扭曲】复选框后该选项才有效。

6.1.24 【果冻效应修复】特效

【果冻效应修复】特效采用一次一行扫描线的方式来捕捉视频帧。因为扫描线之间存在滞后时间，所以图像的所有部分并非恰好是在同一时间录制的。如果摄像机在移动或者目标在移动，则果冻效应会导致扭曲，这时可以通过【果冻效应修复】特效来清除这些扭曲的伪像。其参数和应用特效前后的对比分别如图 6-66 和图 6-67 所示。

图 6-66   图 6-67

参数解释如下。

- 【果冻效应率】：指定作为扫描时间的帧速率的百分比。DSLR 一般介于 50% ～ 70% 之间，iPhone 则接近 100%。调整此值，直到扭曲的线变为垂直线。
- 【扫描方向】：指定执行果冻效应扫描的方向。系统提供了 4 种扫描的方法，大多数摄像机沿传感器从上到下扫描。
- 【高级】：用于设置果冻效应修复的高级设置。
- 【方法】：可以指定修复的方法，包括变形和像素运动两种方法。
- 【详细分析】：选中该复选框，可以对变形进行详细分析。此选项只适用于变形修复方法。
- 【像素运动细节】：指定光流矢量场计算的详细程度。当使用像素运动修复方法时，该选项才可用。

6.1.25 【极坐标】特效

【极坐标】特效可以使图形在直角坐标和极坐标之间互相转换，从而产生变形效果。该特效的参数及应用特效前后的对比分别如图 6-68 和图 6-69 所示。

图 6-68　　　　　　　　　　图 6-69

参数解释如下。

- 【插值】：用来设置应用极坐标时的扭曲变形程度。
- 【转换类型】：用来切换坐标类型，可以从右侧的下拉列表框中选择转换类型。系统提供了矩形到极线和极线到矩形两种类型。

6.1.26 【镜像】特效

【镜像】特效可以根据指定的反射点生成镜面效果，实现对称或镜像效果，其参数及应用特效前后的效果对比分别如图 6-70 和图 6-71 所示。

  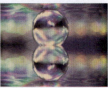

图 6-70　　　　　　　　　　图 6-71

参数解释如下。

- 【反射中心】：用来设置反射中心点的坐标。
- 【反射角度】：用来调整反射的角度，即反射点所成直线的角度。

6.1.27 【偏移】特效

【偏移】特效通过在原图像范围内分割并重组画面来创建图像偏移效果。该特效的参数及应用特效前后的对比分别如图 6-72 和图 6-73 所示。

图 6-72　　　　　　　　　　图 6-73

参数解释如下。

- 【将中心转换为】：用来调整偏移中心的位置。
- 【与原始图像混合】：用于设置偏移图像与原始图像间的混合程度。值为 100% 时显示原始图像。

6.1.28 【球面化】特效

【球面化】特效主要是使图像产生球形化的效果。该特效的参数及应用特效前后的对比分别如图 6-74 和图 6-75 所示。

图 6-74

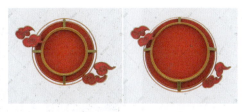
图 6-75

参数解释如下。
- 【半径】：用于设置变形球面化的半径。
- 【球面中心】：用于设置变形球体中心的坐标。

6.1.29 【凸出】特效

【凸出】特效是通过设置透视中心点的位置、区域大小来对该区域产生膨胀、收缩的扭曲效果，可以用来模拟透过气泡或放大镜的效果。该特效的参数及应用特效前后的对比分别如图 6-76 和图 6-77 所示。

图 6-76

图 6-77

参数解释如下。
- 【水平半径】：用于设置水平方向膨胀效果的半径。
- 【垂直半径】：用于设置垂直方向膨胀效果的半径。
- 【凸出中心】：用于设置膨胀效果的中心点位置。
- 【凸出高度】：用于设置产生扭曲效果的程度。正值为凸，负值为凹。
- 【锥形半径】：用于设置产生变形效果的半径。
- 【消除锯齿（仅最佳品质）】：用于设置变形效果的品质，其中提供了【低】和【高】两个选项。
- 【固定】：选中其右侧的【固定所有边缘】复选框，将不对扭曲效果的边缘产生变化。

6.1.30 【湍流置换】特效

【湍流置换】特效主要利用分形噪波对整个图像产生扭曲变形效果。该特效的参数及应用特效前后的对比分别如图 6-78 和图 6-79 所示。

图 6-78

图 6-79

参数解释如下。

- 【置换】：用于选择置换的方式，其中提供了紊乱、凸出、扭曲等 9 种方式。
- 【数量】：用于设置扭曲变形的程度。数值越大，变形效果越明显。【数量】为 50 和 100 时的不同效果如图 6-80 所示。
- 【大小】：用于设置对图像变形的范围。图 6-81 所示是【大小】为 50 和 100 时的效果。

图 6-80

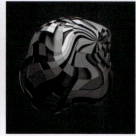

图 6-81

- 【偏移（湍流）】：用于设置扭曲变形效果的偏移量。
- 【复杂度】：用于设置扭曲变形效果中的细节。数值越大，变形效果越强烈，细节也就越精确。图 6-82 所示是【复杂度】为 1 和 10 时的不同效果。
- 【演化】：用于设置随着时间的变化产生的扭曲变形的演进效果。

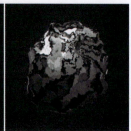
图 6-82

- 【循环演化】：当选中该复选框时，演化处于循环状态。
- 【循环（旋转次数）】：用于设置循环时的旋转次数。
- 【固定】：用于设置边界的固定状态，其中提供了【无】、【全部固定】、【水平固定】等 15 个选项。
- 【调整图层大小】：用于调整图层的大小。当【固定】设为【无】时，此选项才可用。
- 【消除锯齿（最佳品质）】：用于选择置换效果的质量。其中提供了【低】和【高】两个选项。

6.1.31 【网格变形】特效

【网格变形】特效是通过调整网格化的曲线来控制图像的弯曲效果。在设置好网格数量后，在【合成】面板中利用鼠标拖动网格上的节点来进行弯曲。该特效的参数如图 6-83 所示。应用特效前后的效果对比如图 6-84 所示。

图 6-83　　　　　　　　　　　　　图 6-84

参数解释如下。
- 【行数】：用于设置网格的行数。
- 【列数】：用于设置网格的列数。
- 【品质】：用于设置图像进行渲染的品质。数值越大，品质越高，渲染用的时间也就越长。
- 【扭曲网格】：通过添加关键帧来创建网格弯曲的动画效果。

6.1.32 【旋转扭曲】特效

【旋转扭曲】特效可以使图像产生一种沿指定中心旋转变形的效果。该特效的参数及应用特效前后的效果对比分别如图 6-85 和图 6-86 所示。

图 6-85　　　　　　　　　　　　　图 6-86

参数解释如下。

- 【角度】：用于设置图像扭曲的程度。当值为正数时，沿顺时针方向旋转；当值为负数时，沿逆时针方向旋转。图 6-87 所示是【角度】值分别为正、负时的效果。

图 6-87

- 【旋转扭曲半径】：用于设置扭曲效果的范围。
- 【旋转扭曲中心】：用于设置图像扭曲的中心点坐标。

6.1.33 【液化】特效

【液化】特效可以模拟对图像进行涂抹、膨胀、收缩等变形操作。该特效的参数及应用特效前后的对比分别如图 6-88 和图 6-89 所示。

图 6-88　　　　　　　　　　　图 6-89

参数解释如下。

- 【工具】：在该选项下提供了多种液化工具供用户选择。
  » 【变形工具】 ：以模拟手指涂抹的效果。选择该工具，在图像中单击并拖动即可。图 6-90 所示为图像变形前后的效果。
  » 【湍流工具】 ：该工具可以使图像产生无序的波动效果。
  » 【顺时针旋转工具】 、【逆时针旋转工具】 ：可对图像像素进行顺时针或逆时旋转。选择该工具后，在图像中按住鼠标左键拖动即可进行变形操作。如图 6-91 和图 6-92 所示为沿顺时针和逆时针旋转时的不同效果。

图 6-90　　　　　图 6-91　　　　　图 6-92

- 》【凹陷工具】：该工具可以将图像像素向画笔中心处收缩。图 6-93 所示为凹陷前后的效果对比。
- 》【膨胀工具】：该工具的功能与凹陷工具相反，是以画笔中心处向外膨胀，其效果如图 6-94 所示。

图 6-93   图 6-94

- 》【转移像素工具】：沿着与绘制方向相垂直的方向移动图像素材。图 6-95 所示为转移像素前后的效果对比。
- 》【反射工具】：在画笔区域复制周围的图像像素。
- 》【仿制工具】：使用该工具可以复制变形效果。按住 Alt 键在需要的变形效果上单击，

图 6-95

然后松开 Alt 键，并在要应用效果的位置单击即可。
- 》【重建工具】：使用该工具可以将变形的图像恢复到原始的样子。
- ■【湍流工具选项】：用于设置画笔大小及画笔硬度。
  - 》【画笔大小】：用于设置画笔的大小。
  - 》【画笔压力】：用于设置画笔产生变形的效果。数值越大，变形效果越明显。
  - 》【冻结区域蒙版】：用于设置不产生变形效果区域的遮罩层。
  - 》【湍流抖动】：用于设置产生紊乱的程度。数值越大，效果就越明显。只有使用湍流工具时，该选项才被激活。
  - 》【仿制位移】：当使用仿制工具时该选项被激活。选中【对齐】复选框，在复制时可对齐相应位置。
  - 》【重建模式】：当使用重建工具时该选项被激活，用于设置图像的恢复方式，其中提供了【恢复】、【置换】、【放大扭曲】和【仿射】4 种选项。
- ■【视图选项】：主要对图像对象视图进行设置，包括【扭曲网格】、【扭曲网格位移】两个选项。
  - 》【扭曲网格】：用于设置关键帧来记录网格的变形动画。
  - 》【扭曲网格位移】：用于设置扭曲网格中心点坐标。
- ■【扭曲百分比】：用于设置图形扭曲的百分比。

6.1.34 【置换图】特效

【置换图】特效可以指定一个图层作为置换层，并应用贴图置换层的某个通道值对图像进行水平或垂直方向的变形。该特效的参数及应用特效前后的对比分别如图 6-96 和图 6-97 所示。

图 6-96　　　　　　　　　　　　　　　　图 6-97

参数解释如下。

- 【置换图层】：用于设置置换的图层。
- 【用于水平置换】：用于选择映射层对本层水平方向置换，其中提供了红色、绿色、蓝色等 11 种类型。
- 【最大水平置换】：用于设置水平变形的程度。
- 【用于垂直置换】：用于选择映射层对本层垂直方向置换，其中提供了红色、绿色、蓝色等 11 种类型。
- 【最大垂直置换】：用于设置垂直变形的程度。
- 【置换图特性】：在右侧的下拉列表框中，可以选择一种置换方式。系统提供了中心图、伸缩对应图以适应和拼贴图 3 种置换方式。
- 【边缘特性】：选中【像素回绕】复选框，将覆盖边缘像素。
- 【扩展输出】：选中该复选框，将使用扩展输出。

6.1.35 【漩涡条纹】特效

【漩涡条纹】特效是通过一个蒙版来定义图像的变形，通过另一个蒙版来定义特效的范围，通过改变蒙版位置和蒙版旋转产生一个类似遮罩特效的生成框，通过改变百分比来实现特效的生成。其参数及应用特效前后的效果对比分别如图 6-98 和图 6-99 所示。

 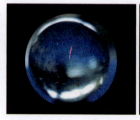 

图 6-98　　　　　　　　　　　　　　　　图 6-99

参数解释如下。
- 【源蒙版】：从右侧的下拉列表框中选择要产生变形的蒙版。
- 【边界蒙版】：从右侧的下拉列表框中指定变形的边界蒙版的范围。
- 【蒙版位移】：用于设置生成特效偏移的位置。
- 【蒙版旋转】：用于设置特效生成的旋转角度。
- 【蒙版缩放】：用于设置特效生成框的大小。
- 【百分比】：用于设置【漩涡条纹】特效的程度。
- 【弹性】：用于控制图像与特效的过渡程度，在其右侧的下拉列表框中可以选择一种弹性方式。
- 【计算密度】用于设置特效变形的过渡方式。在右侧的下拉列表框中提供了分离、线性和平滑3种方式。

6.2 透视特效

透视特效是用来模拟各种三维透视效果的。该特效包含【3D摄像机跟踪器】、【3D眼镜】、【CC圆柱体】、【投影】等类型。

6.2.1 【3D摄像机跟踪器】特效

【3D摄像机跟踪器】特效可以模仿3D摄像机对动画进行跟踪拍摄，其参数如图6-100所示。

- 【分析】：当对导入的视频加入特效时，对视频进行分析。
- 【取消】：当对对象进行分析时，如果需要停止分析，则单击【取消】按钮。
- 【拍摄类型】：在右侧的下拉列表框中可以选择相应的拍摄类型。系统提供了视图的固定角度、水平视角和指定视角3种类型。
- 【水平视角】：用于设定水平视角的角度。当【拍摄类型】为【水平视角】时该选项才可用。

图 6-100

- 【显示轨迹点】：用于设置视频的显示方式，包括2D源和3D已解析两种方式。
- 【渲染跟踪点】：选中该复选框，可以渲染设置的跟踪点。
- 【跟踪点大小】：用于设置跟踪点的大小。
- 【目标大小】：用于设置目标的大小。
- 【创建摄像机】：单击该按钮，可以在【合成】面板中设定摄像机。
- 【高级】：用于设置跟踪器的高级参数。

6.2.2 【3D 眼镜】特效

【3D 眼镜】特效主要是创建虚拟的三维空间，并将两个图层中的图像合并到一个图层中。该特效的参数及应用特效前后的效果对比分别如图 6-101 和图 6-102 所示。

图 6-101　　　　　　　　图 6-102

参数解释如下。

- 【左视图】：用于指定左边显示的图像层。
- 【右视图】：用于指定右边显示的图像层。
- 【场景融合】：用于设置左右两个视图的融合方式。
- 【垂直对齐】：用于设置垂直方向上两个视图的融合方式。
- 【单位】：用于设置图像的单位，包括【像素】和【源的 %】两个选项。
- 【左右互换】：选中该复选框，将对左右两边的图像进行互换。
- 【3D 视图】：用于定义视图的模式，其中提供了【立体图像对（并排）】、【上下】、【隔行交错高场在左，低场在右】等 9 种选项。图 6-103 所示依次为立体图像对（并排）、平衡左红右绿、平衡红蓝染色模式的效果。
- 【平衡】：用于设置【3D 视图】选项中平衡模式的平衡值。

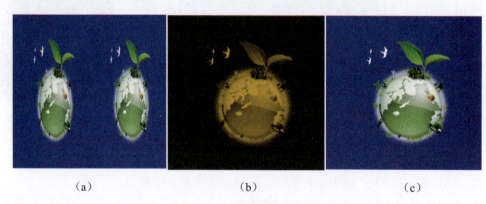

(a)　　　　　　　　(b)　　　　　　　　(c)

图 6-103

6.2.3 CC Cylinder（CC 圆柱体）特效

CC Cylinder（CC 圆柱体）特效是将二维图像模拟为三维圆柱体效果。该特效的参数及应用特效前后的效果对比分别如图 6-104 和图 6-105 所示。

图 6-104　　　　　　　　　　　图 6-105

参数解释如下。

- **Radius（半径）**：用于设置模拟圆柱体的半径。半径分别为 100 和 200 时的效果如图 6-106 所示。
- **Position（位置）**：用于调节圆柱体在画面中的位置，其中包括 Position X（X 轴位置）、Position Y（Y 轴位置）和 Position Z（Z 轴位置）3 个选项，通过以上选项可以调节圆柱体在不同轴上的位置。
- **Rotation（旋转）**：用于设置圆柱体的旋转角度。
- **Render（渲染）**：用于设置图像的渲染部位，在右侧的下拉列表框中可以设置渲染类型，包括 Full（全部）、Outside（外侧）和 Inside（内侧）3 种类型。
- **Light（光照）**：用于设置光照。
    » Light Intensity（光强度）：用于设置照明灯光的强度。图 6-107 所示是设置光强度为 100 和 200 时的不同效果。

图 6-106　　　　　　　　　　　图 6-107

    » Light Color（光颜色）：用于设置灯光的颜色。
    » Light Higher（灯光高度）：用于设置灯光的高度。
    » Light Direction（照明方向）：用于设置照明的方向。
- **Shading（阴影）**：用于设置图像的阴影。
    » Ambient（环境）：用于设置环境光的强度。数值越大，模拟的圆柱体整体越亮。数值为 100 和 200 时的效果如图 6-108 所示。

» Diffuse（扩散）：用于设置照明灯光的扩散程度。
» Specular（反射）：用于设置模拟圆柱体的反射强度。
» Roughness（粗糙度）：用于设置模拟圆柱体的粗糙程度。

图 6-108

» Metal（质感）：用于设置模拟圆柱体产生金属效果的程度。

6.2.4　CC Sphere（CC 球体）特效

CC Sphere（CC 球体）特效是将二维图像模拟成三维球体效果。该特效的参数及应用特效前后的效果对比分别如图 6-109 和图 6-110 所示，其中的参数与【CC 圆柱体】大部分相同。

图 6-109　　　　　　　　　　图 6-110

参数解释如下。

- Rotation（旋转）：用于设置图像在不同轴上的旋转角度，包括 Rotation X（X 轴旋转）、Rotation Y（Y 轴旋转）和 Rotation Z（Z 轴旋转）3 个选项。
- Radius（半径）：用于设置球体的半径。
- Offset（偏移）：用于设置球体的位置变换。
- Render（渲染）：用来设置球体的显示。在右侧的下拉列表框中，可以根据需要选择 Full（整体）、Outside（外部）和 Inside（内部）选项。

6.2.5　CC Spotlight（CC 聚光灯）特效

【CC 聚光灯】特效主要用来模拟聚光灯照射的效果。该特效的参数及应用特效前后的对比效果分别如图 6-111 和图 6-112 所示。

图 6-111　　　　　　　　　　图 6-112

参数解释如下。

- From（开始）：用于设置聚光灯开始点的位置，它可以控制灯光范围的大小。
- To（结束）：用于设置聚光灯结束点的位置。
- Height（高度）：用于模拟聚光灯照射点的高度。
- Cone Angle（边角）：用于调整聚光灯照射的范围，设置为 10 和 20 时的不同效果如图 6-113 所示。
- Edge Softness（边缘柔化）：用于设置聚光灯效果边缘的柔化程度。数值越大，边缘越模糊。设置不同边缘柔化时的效果如图 6-114 所示。

图 6-113　　　　　　　　　　　　　图 6-114

- Intensity（亮度）：用于设置灯光以外部分的不透明度。
- Render（渲染）：在右侧的下拉列表框中可以设置不同的渲染类型。
- Gel Layer（滤光层）：用于选择聚光灯的滤光层。当 Render 选择 Gel Only（仅滤光）、Gel Add（增加滤光）、Gel Add+（增加滤光 +）和 Gel Showdown（滤光阴影）等选项时就可以激活该选项。

6.2.6　【边缘斜面】特效

【边缘斜面】特效通过对图像的边缘进行设置，使其产生立体效果。它只能对矩形图像产生效果。该特效的参数及应用特效前后的效果对比分别如图 6-115 和图 6-116 所示。

图 6-115　　　　　　　　　　　　　图 6-116

参数解释如下。

- 【边缘厚度】：用于设置图像边缘的厚度。设置不同边缘厚度时的效果如图 6-117 所示。
- 【灯光角度】：用于调整照明灯光的方向。

图 6-117

- 【灯光颜色】：用于设置照明灯光的颜色。
- 【灯光强度】：用于设置照明灯光的强度。

6.2.7 【径向阴影】特效

【径向阴影】特效可模拟灯光照射在图像上并从边缘向其背后产生放射状的阴影，阴影的形状由图像的 Alpha 通道决定。该特效的参数及应用特效前后的对比效果分别如图 6-118 和图 6-119 所示。

图 6-118

图 6-119

参数解释如下。

- 【阴影颜色】：用于设置阴影的颜色。
- 【不透明度】：用于设置阴影的透明度。
- 【光源】：用于调整光源的位置。
- 【投影距离】：用于设置阴影的投射距离。
- 【柔和度】：用于设置阴影边缘的柔和程度。
- 【渲染】：用于选择不同的渲染方式，其中提供了【常规】、【玻璃边缘】2 种选项。
- 【颜色影响】：用于设置【玻璃边缘】效果的影响程度。
- 【仅阴影】：选中该复选框将只显示阴影部分。
- 【调整图层大小】：选中该复选框，可以对图层图像的大小进行调整。

6.2.8 【投影】特效

【投影】特效与【径向阴影】特效的效果类似，【投影】特效是在图层的后面产生阴影，同时所产生的阴影形状也是由 Alpha 通道决定的。其参数及应用特效前后的对比效果分别如图 6-120 和图 6-121 所示。

图 6-120

图 6-121

参数解释如下。
- 【阴影颜色】：用于设置阴影的颜色。
- 【不透明度】：用于设置阴影的透明度。
- 【方向】：用于调整产生阴影的方向。
- 【距离】：用于设置阴影与图像的距离。
- 【柔和度】：用于设置阴影边缘的柔和程度。
- 【仅阴影】：选中该复选框，将只显示阴影。

6.2.9 【斜面 Alpha】特效

【斜面 Alpha】特效是通过图像的 Alpha 通道使图像边缘产生倾斜效果，从而呈现出三维的视觉效果。其参数及应用特效前后的对比分别如图 6-122 和图 6-123 所示。

图 6-122　　　　　　　　图 6-123

参数解释如下。
- 【边缘厚度】：用于设置图像边缘的厚度。
- 【灯光角度】：用于调整照明灯光的方向。
- 【灯光颜色】：用于设置照明灯光的颜色。
- 【灯光强度】：用于设置照明灯光的强度。

课后项目练习——展开的历史画卷

课后项目练习效果展示

本案例制作旋转展开的历史画卷，方法是通过给素材添加 CC Cylinder 效果，立体旋转展示历史画卷，效果如图 6-124 所示。

图 6-124

课后项目练习过程概要

步骤 01 按 Ctrl+O 组合键,打开"素材 \Cha06\ 展开的历史画卷素材 .aep"素材文件。在【项目】面板中双击"背景",选择"仕女 .psd"素材文件,并按住鼠标左键将其拖至【时间轴】面板中,将【变换】选项组中的【缩放】设置为(75%, 75%),如图 6-125 所示。

图 6-125

步骤 02 在【项目】面板中双击"画卷",在【效果与预设】面板中搜索【自动滚动-水平】效果,将其拖至【合成】面板中"画卷 .psd"上,在【效果控件】面板中设置【速度】为 1641.6,如图 6-126 所示。

图 6-126

步骤 03 在【合成】面板中将"画卷"选中并拖至"背景"中,将【变换】选项组中的【缩放】设置为(32%, 32%),如图 6-127 所示。

图 6-127

步骤 04 继续选中"画卷"图层,在菜单栏中选择【效果】|【透视】| CC Cylinder 命令。在【效果控件】面板中将 CC Cylinder 特效 Rotation 选项组中的 Rotation X 设置

为 0x+12°，将 Light 选项组中的 Light Intensity 设置为 189，将 Light Direction 设置为 0x+127°，如图 6-128 所示。

步骤 05 继续选中该图层，按 Ctrl+D 组合键复制该图层，并在【时间轴】面板将两个图层分别命名为"画卷上"和"画卷下"。将"画卷下"图层移至"仕女.psd"图层的下方，如图 6-129 所示。

图 6-128

图 6-129

步骤 06 选择"画卷上"图层，在【效果控件】面板中将 CC Cylinder 特效中选，调整 Render 为 Outside；选择"画卷下"图层，在【效果控件】面板中将 CC Cylinder 特效选中，调整 Render 为 Inside，将 Light 选项组中的 Light Intensity 设置为 100，Light Height 设置为 -50，如图 6-130 所示。

步骤 07 执行【图层】|【新建】|【空对象】命令，得到图层"空1"，在【时间轴】面板中选择"画卷上"和"画卷下"图层，将两图层的"父级和链接"都设为"空1"，如图 6-131 所示。

图 6-130

图 6-131

步骤 08 选择"空1"图层，在【变换】选项组中将【位置】设置为（480.0, -171.0），在 0:00:00:00 时间处单击按钮，如图 6-132 所示。

步骤 09 选择"空1"图层，在 0:00:01:00 时间处将【变换】选项组中的【位置】设置为（480.0, 268），单击按钮，如图 6-133 所示。

图 6-132

图 6-133

步骤 10 选择"画卷上"图层，在菜单栏中选择【效果】|【风格化】|【发光】命令，在【效果控件】面板中调整【发光】效果的参数，如图 6-134 所示。

图 6-134

AIGC 艺术风格营造和修改

在此项目中，视频主体人物风格的营造与修改是需要大量时间成本和人工成本的，然而，通过 AIGC 技术快速生成设计方案也逐渐走向可能。合理借用 AIGC 辅助工具，不仅可以显著提高工作效率，还能在视频的色彩搭配、空间布局、氛围营造上得到很有价值的启发，助力效果的持续优化。

（1）正向提示词输入：1girl, hanfu, portrait,bird, Chinese Painting, Song Style, Color on silk

（2）反向提示词输入：easynegative

（3）Stable Diffusion 模型：AWPainting_v1.4.safetensors

（4）LoRA：宋画 _v1.0

（5）采样（Sampler）：DPM++SDEKarras

（6）相关性（CFG scale）：7

（7）步数（Steps）：20

在 Stable Diffusion 中提示词输入区域进行描述和添加，并设置参数，如图 6-135 所示。

本项目风格定位在宋代画风上，所以 LoRA 的选择为"宋画 _v1.0"，权重的设置可以在 0.3～1 之间，通过多次生成，可以得到更多的艺术风格，如图 6-136 所示。

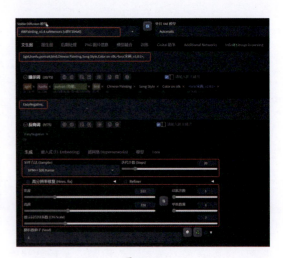

图 6-135

第 6 章 扭曲与透视特效——展开的历史画卷

图 6-136

教材思政内容分析

【思政点】宋代绘画画卷展示

本案例的所用素材来源于《清明上河图》，这是中国十大传世名画之一，由北宋画家张择端创作。这幅作品生动地描绘了北宋时期都城东京（今河南开封）的繁荣景象，记录了当时社会的生活面貌。在欣赏这幅精美画作的同时，我们不仅要领略它们的艺术魅力，更要深入探究其中蕴含的文化意蕴和时代精神。

《清明上河图》这幅长卷作品，以其细腻的笔触、丰富的场景和生动的人物描绘，展现了北宋都城的繁荣景象。它不仅是中国绘画史上的杰作，更是研究宋代社会经济、文化生活的宝贵资料。在欣赏这幅画作时，我们要感受到画家对生活的热爱和对时代的深情描绘。

宋代绘画是中国古代绘画的重要阶段，它以独特的艺术风格和深刻的文化内涵，在中国绘画史上占有举足轻重的地位。宋代绘画注重表现自然与真实的生活，追求"意在笔先"和"画中有诗"的境界。这种艺术追求体现了宋代文人雅士的审美理念和人生哲学。同时，宋代绘画还反映了当时社会的政治、经济、文化状况，为我们提供了研究宋代社会的珍贵资料。

在欣赏宋代绘画的过程中，我们要思考这些画作所体现的文化意蕴和时代精神对我们的启示。首先，宋代绘画追求真实与自然的艺术风格，启示我们要尊重自然、热爱生活。其次，宋代绘画注重表达画家的情感与思考，启示我们要有独立思考的能力和批判精神。最后，宋代绘画所蕴含的文化内涵和时代精神，让我们更加深刻认识到中华文化的博大精深和源远流长。

通过对《清明上河图》和宋代绘画的欣赏与学习，我们不仅能够领略到中国古代艺术的魅力，更能够深入理解其中蕴含的文化意蕴和时代精神。希望大家在今后的学习和生活中，能够将这些启示融入自己的思想和行为中，为传承和弘扬中华优秀传统文化贡献自己的力量。

【思政关键词】文化自信、文化传承

第 7 章

颜色校正与键控——
视频合成高级技巧

内容导读

在影视制作中处理图像时，经常需要对图像的颜色进行调整，而色彩的调整主要是通过对图像的明暗、对比度、饱和度以及色相等的调整，来达到改善图像质量的目的，以更好地控制影片的色彩信息，制作出更加理想的视频画面效果。抠像是通过利用一定的特效对素材进行整合的一种手段，在 After Effects 中专门提供了抠像特效，本章将对其进行详细介绍。

案例精讲　　怀旧照片效果

为了更好地完成本设计案例，现对制作要求及设计内容做如下规划，最终效果如图7-1所示。

图7-1

步骤 01 按Ctrl+O组合键，打开"素材\Cha07\怀旧照片素材.aep"素材文件。在【项目】面板中选择"怀旧照片素材01.mp4"素材文件，按住鼠标将其拖至【时间轴】面板中，将当前时间设置为0:00:05:15，单击【缩放】、【不透明度】左侧的◎按钮，如图7-2所示。

步骤 02 将当前时间设置为0:00:06:10，将【缩放】设置为（232%，232%），将【不透明度】设置为0%，如图7-3所示。

图7-2

图7-3

步骤 03 在【项目】面板中选择"怀旧照片素材02.jpg"素材文件，按住鼠标左键将其拖至【时间轴】面板中，将当前时间设置为0:00:05:10，将【缩放】设置为（302%，

302%），单击其左侧的 ■ 按钮，将【不透明度】设置为 0%，单击其左侧的 ■ 按钮，如图 7-4 所示。

步骤 04 将当前时间设置为 0:00:06:10，将【缩放】设置为（100%，100%），将【不透明度】设置为 100%，如图 7-5 所示。

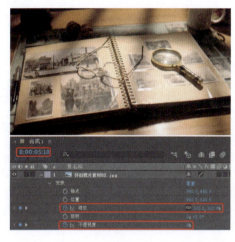 

图 7-4　　　　　　　　　　　　　图 7-5

步骤 05 在【项目】面板中将"怀旧照片素材 03.mp4"素材文件拖至【时间轴】面板中，将【模式】设置为【柔光】，将【入】设置为 0:00:06:10，如图 7-6 所示。

步骤 06 在【项目】面板中将"怀旧照片素材 04.png"素材文件拖至【时间轴】面板中，为其添加【照片滤镜】效果。在【时间轴】面板中，将【滤镜】设置为【暖色滤镜（81）】，如图 7-7 所示。

图 7-6　　　　　　　　　　　　　图 7-7

步骤 07 为选中的"怀旧照片素材 04.png"图层添加【三色调】效果，将【中间调】设置为 #B39350，如图 7-8 所示。

步骤 08 在菜单栏中选择【效果】|【透视】|【投影】命令，在【时间轴】面板中将【不透明度】、【方向】、【距离】、【柔和度】分别设置为50%、0x+135°、15、20，如图7-9所示。

图7-8

图7-9

步骤 09 在菜单栏中选择【效果】|【杂色和颗粒】|【添加颗粒】命令，在【时间轴】面板中将【中心】设置为（508，353），将【宽度】、【高度】分别设置为607、390，将【显示方框】设置为【关】，将【大小】设置为0.1，如图7-10所示。

步骤 10 将当前时间设置为0:00:06:10，打开"怀旧照片素材04.png"图层的3D模式，单击【位置】左侧的 按钮，将【位置】设置为（427，280，-2009），将【Z轴旋转】设置为0x+15°，如图7-11所示。

图7-10

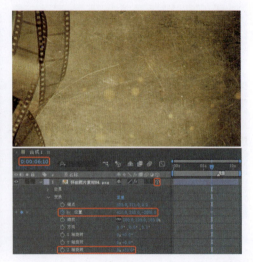
图7-11

步骤 11 将当前时间设置为 0:00:07:15，将【位置】设置为（735，449，-764），如图 7-12 所示。

步骤 12 在【项目】面板中将"怀旧照片素材 05.png"素材文件拖至【时间轴】面板。在【时间轴】面板中选择"怀旧照片素材 04.png"图层下的【效果】，按 Ctrl+C 组合键进行复制；选择"怀旧照片素材 05.png"图层，按 Ctrl+V 组合键进行粘贴，如图 7-13 所示。

图 7-12　　　　　　　　　　　　图 7-13

步骤 13 打开"怀旧照片素材 05.png"图层的 3D 图层模式。将当前时间设置为 0:00:07:10，单击【位置】左侧的 按钮，将【位置】设置为（1871，318，-1147）；单击【方向】左侧的 按钮，将【方向】设置为（336°，357°，0°），将【Z 轴旋转】设置为 0x-6°，如图 7-14 所示。

步骤 14 将当前时间设置为 0:00:08:15，将【位置】设置为（1212.5，579，-914），将【方向】设置为（0°，0°，350°），如图 7-15 所示。

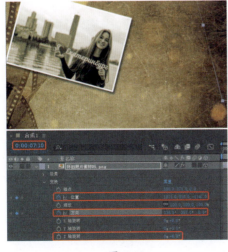 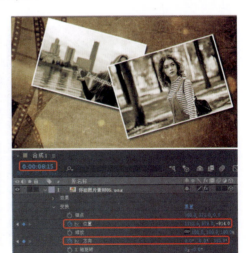

图 7-14　　　　　　　　　　　　图 7-15

步骤15 在【项目】面板中将"怀旧照片素材06.png"素材文件拖至【时间轴】面板。在【时间轴】面板中选择"怀旧照片素材05.png"图层下的【效果】，按Ctrl+C组合键进行复制；选择"怀旧照片素材06.png"图层，按Ctrl+V组合键进行粘贴。打开"怀旧照片素材06.png"素材文件的3D图层模式，如图7-16所示。

步骤16 将当前时间设置为0:00:08:10，在【时间轴】面板中单击【位置】左侧的 按钮，将【位置】设置为（1130, 22, -1147）。单击【方向】左侧的 按钮，将【方向】设置为（336°, 357°, 0°），将【Z轴旋转】设置为0x-6°，如图7-17所示。

图7-16　　　　　　　　　　图7-17

步骤17 将当前时间设置为0:00:09:15，将【位置】设置为（889, 662, -933），将【方向】设置为（0°, 0°, 15°），如图7-18所示。

步骤18 在【项目】面板中将"怀旧照片素材07.mp3"素材文件拖至【时间轴】面板，如图7-19所示。

图7-18　　　　　　　　　　图7-19

7.1 颜色校正特效

在 After Effects 的颜色校正中有多种特效，它们集中了 After Effects 中最强大的图像效果修正特效。随着版本的不断升级，其中的一些特效得到了很大程度的完善，从而为用户提供了很好的工作平台。

选择【颜色校正】特效有以下两种方法。

- 在菜单栏中选择【效果】|【颜色校正】命令，在弹出的子菜单栏中选择相应的特效，如图 7-20 所示。
- 在【效果和预设】面板中单击【颜色校正】左侧的下三角按钮，在打开的列表中选择相应的特效，如图 7-21 所示。

图 7-20　　　　　　　图 7-21

7.1.1 CC Color Offset（CC 色彩偏移）特效

CC Color Offset（CC 色彩偏移）特效可以对图像中的色彩信息进行调整，并可以通过设置各个通道中的颜色相位偏移来获得不同的色彩效果。其参数如图 7-22 所示。

- Red Phase/Green Phase/Blue Phase（红色/绿色/蓝色相位）：该选项用来调整图像的红色、绿色、蓝色相位的位置。设置该参数后的效果如图 7-23 所示。

图 7-22　　　　　　　图 7-23

■ Overflow（溢出）：用于设置颜色溢出现象的处理方式。在其右侧的下拉列表框中分别选择 Wrap（包围）、Solarize（曝光过度）、Polarize（偏振）3 个不同的选项时的效果如图 7-24 所示。

图 7-24

7.1.2　CC Color Neutralizer（CC 彩色中和器）特效

CC Color Neutralizer（CC 彩色中和器）特效与 CC Color Offset（CC 色彩偏移）特效相似，可以对图像中的色彩信息进行调整。该特效的参数如图 7-25 所示，应用该特效前后的效果如图 7-26 所示。

图 7-25　　　　　　　　　　　　　　　图 7-26

7.1.3　CC Kernel（CC 内核）特效

CC Kernel（CC 内核）特效用于调节素材的亮度，达到校色的目的。该特效的参数如图 7-27 所示，应用特效前后的效果如图 7-28 所示。

图 7-27　　　　　　　　　　　　　　　图 7-28

7.1.4 CC Toner（CC 调色）特效

CC Toner（CC 调色）特效通过对原图的高光颜色、中间色调和阴影颜色的调节来改变图像的颜色。该特效的参数如图 7-29 所示，应用特效前后的效果如图 7-30 所示。

参数解释如下。

- Highlights（高光）：该选项用于设置图像的高光颜色。
- Midtones（中间）：该选项用于设置图像的中间色调。
- Shadows（阴影）：该选项用于设置图像的阴影颜色。
- Blend w. Original（混合初始状态）：该选项用于调整与原图的混合程度。

图 7-29

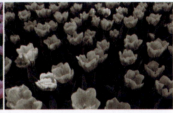
图 7-30

7.1.5 【PS 任意映射】特效

【PS 任意映射】特效可调整图像色调的亮度级别，可用在 Photoshop 的映像文件上。该特效的参数如图 7-31 所示，应用该特效前后的效果如图 7-32 所示。

图 7-31

图 7-32

参数解释如下。

- 【相位】：该选项主要用于设置图像颜色相位的值。
- 【应用相位映射到 Alpha 通道】：选中该复选框，将应用外部的相位映射贴图到该层的 Alpha 通道。如果指定的映像中不包含 Alpha 通道，After Effects 则会为当前层指定一个 Alpha 通道，并将默认的映像指定给 Alpha 通道。

> 【温馨提示】
>
> 在【效果控件】面板中单击【选项】按钮，可打开【加载 PS 任意映射】对话框，用户可在其中调用任意映像文件。

7.1.6 【保留颜色】特效

【保留颜色】特效可以通过设置颜色来指定图像中要保留的颜色,并将其他的颜色转换为灰度效果。例如,在一张图像中,为了保留色彩中的蓝色,可将蓝色设置为想要保留的颜色,其他的颜色将会转换为灰度效果。【保留颜色】特效的参数如图 7-33 所示;应用该特效前后的效果如图 7-34 所示。

图 7-33　　　　　　　　　　　　　　图 7-34

参数解释如下。

- 【脱色量】:该选项用于控制保留颜色以外颜色的脱色百分比。
- 【要保留的颜色】:通过单击该选项右侧的色块或吸管可设置图像中需要保留的颜色。
- 【容差】:该选项用于调整颜色的容差程度。值越大,保留的颜色就越大。
- 【边缘柔和度】:该选项用于调整保留颜色边缘的柔和程度。
- 【匹配颜色】:该选项用于匹配颜色模式。

7.1.7 【更改为颜色】特效

【更改为颜色】特效是将一种颜色直接改变为另一种颜色,用法与【保留颜色】特效有很多相似之处。【更改为颜色】特效的参数如图 7-35 所示,应用该特效前后的效果如图 7-36 所示。

图 7-35　　　　　　　　　　　图 7-36

- 【自】：利用色块或吸管来设置需要替换的颜色。
- 【至】：利用色块或吸管来设置替换的颜色。
- 【更改】：单击其右侧的下三角按钮，在弹出的下拉列表中选择替换颜色的基准，包括【色相】、【色相和亮度】、【色相和饱和度】、【色相、亮度和饱和度】等选项。
- 【更改方式】：用于设置颜色的替换方式。单击该选项右侧的下三角按钮，在弹出的下拉列表中可选择【设置为颜色】、【变换为颜色】两个选项。
  - » 【设置为颜色】：用于将受影响的像素直接更改为目标颜色。
  - » 【变换为颜色】：使用 HLS 插值将受影响的像素转变为目标颜色，每个像素的更改量取决于像素的颜色接近源颜色的程度。
- 【柔和度】：该选项用于设置替换颜色后的柔和程度。
- 【查看校正遮罩】：选中该复选框，可以将替换后的颜色变为蒙版的形式。

课堂练习——替换衣服颜色

本练习通过给人物衣服添加更换颜色，从而达到换衣服的效果，如图 7-37 所示。

图 7-37

步骤 01 按 Ctrl+O 组合键，打开"素材 \Cha07\ 替换衣服颜色 .aep"素材文件。在【项目】面板中选择"替换衣服颜色 .jpg"素材文件，按住鼠标左键将其拖至【时间轴】面板，将【缩放】设置为（95%，95%），如图 7-38 所示。

步骤 02 选中【时间轴】面板中的素材文件，在菜单栏中选择【效果】|【颜色校正】|【更改为颜色】命令。在【效果控件】面板中将【自】的颜色值设置为 #CC0820，将【至】的颜色值设置为 #1A37E9，将【更改】设置为【色相】，将【更改方式】设置为【设置为颜色】，将【色相】、【亮度】、【饱和度】、【柔和度】分别设置为 5%、70%、50%、100%，如图 7-39 所示。

图 7-38

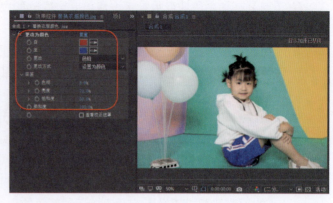
图 7-39

7.1.8 【更改颜色】特效

【更改颜色】特效用于改变图像中某种颜色区域的色调、饱和度和亮度，用户可以通过指定某一个基色并设置相似值来确定区域。该特效的参数如图 7-40 所示，应用特效前后的效果如图 7-41 所示。

图 7-40

图 7-41

参数解释如下。

- 【视图】：用于选择【合成】面板中的预览效果模式，包括【校正的图层】和【颜色校正蒙版】两个选项。其中【校正的图层】用来显示特效调节的效果，【颜色校正蒙版】用来显示图层上哪个部分被修改。在【颜色校正蒙版】中，白色区域为转换最多的区域，黑色区域为转换最少的区域。
- 【色相变换】：该选项主要用于设置色调，调节所选颜色区域的色彩校准度。
- 【亮度变换】：该选项用于设置所选颜色的亮度。
- 【饱和度变换】：该选项用于设置所选颜色的饱和度。
- 【要更改的颜色】：选择图像中需要调整的区域颜色。
- 【匹配容差】：调节颜色匹配的相似程度。
- 【匹配柔和度】：控制修正颜色的柔和度。
- 【匹配颜色】：该选项用于匹配颜色空间，用户在其下拉列表中可选择【使用

RGB】、【使用色调】、【使用色度】3个选项。其中【使用 RGB】以红、绿、蓝为基础匹配颜色,【使用色调】以色调为基础匹配颜色,【使用色度】以饱和度为基础匹配颜色。
- 【反转颜色校正蒙版】:选中该复选框,将反转当前颜色调整遮罩的作用区域。

7.1.9 【广播颜色】特效

【广播颜色】特效主要对影片像素的颜色值进行测试。因为计算机本身与电视播放色彩有很大的区别,而一般的家庭视频设备不能显示高于某个波幅以上的信号,为了使图像信号能正确地在两种不同的设备中传输与播放,用户可以使用【广播颜色】特效将计算机产生的颜色亮度或饱和度降低到一个安全值,从而使图像正常播放。该特效的参数如图 7-42 所示,应用该特效前后的效果如图 7-43 所示。

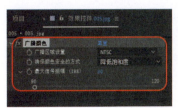
图 7-42

图 7-43

参数解释如下。
- 【广播区域设置】:用户可以在该下拉列表中选择需要的广播标准制式,其中包括 NTSC 和 PAL 两种制式。
- 【确保颜色安全的方式】:用户可以在该下拉列表中选择一种获得安全色彩的方式。其中选择【降低亮度】选项可以减少图像像素的明亮度;选择【降低饱和度】选项可以减少图像像素的饱和度,以降低图像的色彩度;选择【非安全切断】选项可以使不安全的图像像素透明;选择【安全切断】选项可以使安全的图像像素透明。
- 【最大信号振幅(IRE)】:用于限制最大信号幅度,其最小值为 90,最大值为 120。

7.1.10 【黑色和白色】特效

【黑色和白色】特效主要是通过设置原图像中相应的色系参数,将图像转换为黑白或单色的画面效果。该特效的参数如图 7-44 所示,应用该特效前后的效果如图 7-45 所示。

图 7-44　　　　　　　　　图 7-45

参数解释如下。

- 【红色/黄色/绿色/青色/蓝色/洋红】：用于设置原图像中的颜色明暗度。数值越大，图像中该色系区域越亮。
- 【淡色】：选中该复选框，可以为黑白添加单色效果。
- 【色调颜色】：用于设置图像着色时的颜色。

7.1.11 【灰度系数/基值/增益】特效

【灰度系数/基值/增益】特效可以对每个通道单独调整响应曲线，以便细致地更改图像的效果。该特效的参数如图 7-46 所示，应用该特效前后的效果如图 7-47 所示。

图 7-46　　　　　　　　　图 7-47

参数解释如下。

- 【黑色伸缩】：用于调整图像中黑色像素的亮度。
- 【红色/绿色/蓝色灰度系数】：用于控制颜色通道曲线的形状。
- 【红色/绿色/蓝色基值】：用于设置通道中最小输出值，主要控制图像的暗区部分。
- 【红色/绿色/蓝色增益】：用于设置通道中最大输出值，主要控制图像的亮区部分。

7.1.12 【可选颜色】特效

【可选颜色】特效可以对图像中的指定颜色进行校正，便于调整图像中不平衡的颜色。其最大的好处就是可以单独调整某一种颜色，而不影响其他颜色。该特效的参数如图 7-48 所示，应用该特效前后的效果如图 7-49 所示。

图 7-48　　　　　　　　　　　　图 7-49

7.1.13 【亮度和对比度】特效

【亮度和对比度】特效主要是对图像的亮度和对比度进行调节，该特效的参数如图 7-50 所示，应用该特效前后的效果如图 7-51 所示。

图 7-50　　　　　　　　　　　　图 7-51

参数解释如下。
- 【亮度】：该选项用于调整图像的亮度。
- 【对比度】：该选项用于调整图像的对比度。

7.1.14 【曝光度】特效

【曝光度】特效用于调节图像的曝光程度，用户可以通过选择通道来设置图像曝光的通道。该特效的参数如图 7-52 所示，应用该特效前后的效果如图 7-53 所示。

图 7-52　　　　　　　　　　　　图 7-53

7.1.15 【曲线】特效

【曲线】特效用于调整图像的色调和明暗度，可以精确地调整高光、阴影和中间调区域中任意一点的色调与明暗。该特效的功能与 Photoshop 中的曲线功能相似，可对图像的各个通道进行控制，调节图像色调范围。在曲线上最多可设置 16 个控制点。

【曲线】特效的参数如图 7-54 所示，应用该特效前后的效果如图 7-55 所示。

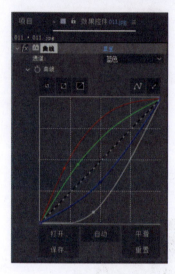  

图 7-54　　　　　　　　　　　　　　图 7-55

参数解释如下。

- 【通道】：用户可在该下拉列表框中选择调整图像的颜色通道。可选择 RGB 通道，对图像的 RGB 通道进行调节；也可分别选择【红色】、【绿色】、【蓝色】和 Alpha，对这些通道分别进行调节。
- 【曲线工具】 ：选中【曲线工具】后单击曲线，可以在曲线上增加控制点。如果要删除控制点，在曲线上选中要删除的控制点，将其拖至坐标区域外即可。按住鼠标左键拖动控制点，可对曲线进行编辑。
- 【铅笔工具】 ：使用该工具可以在左侧的控制区内通过单击拖动绘制一条曲线来控制图像的亮区和暗区分布效果。
- 【打开】按钮：单击该按钮，可以打开储存的曲线文件，并根据打开的曲线文件控制图像。
- 【保存】按钮：单击该按钮，可以对调节好的曲线进行保存，方便再次使用。存储格式为 .acv。
- 【平滑】按钮：单击该按钮，可以将设置的曲线转为平滑的曲线。
- 【重置】按钮：单击该按钮，可以将曲线恢复为初始的直线效果。
- 【自动】按钮：单击该按钮，系统自动调整图像的色调和明暗度。

7.1.16 【三色调】特效

【三色调】特效与【CC调色】特效的功能和参数相同，在此不再赘述。【三色调】特效的参数如图7-56所示；应用该特效前后的效果如图7-57所示。

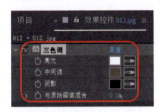

图7-56　　　　　　　　　　　　　图7-57

7.1.17 【色调】特效

【色调】特效可以通过指定的颜色对图像进行颜色映射处理。该特效的参数如图7-58所示，应用该特效前后的效果如图7-59所示。

图7-58　　　　　　　　　　　　　图7-59

参数解释如下。
- 【将黑色映射到】：该选项用于设置图像中黑色和灰色映射的颜色。
- 【将白色映射到】：该选项用于设置图像中白色映射的颜色。
- 【着色数量】：该选项用于设置色调映射时的映射程度。

7.1.18 【色调均化】特效

【色调均化】特效用于对图像的阶调平均化，即用白色取代图像中最亮的像素，用黑色取代图像中最暗的像素，以平均分配白色与黑色之间的阶调取代最亮与最暗之间的像素。该特效的参数如图7-60所示，应用该特效前后的效果如图7-61所示。

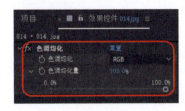

图7-60　　　　　　　　　　　　　图7-61

参数解释如下。

- 【色调均化】：该选项用于设置均衡方式。用户可以在其右侧的下拉列表框中选择 RGB、亮度、Photoshop 风格 3 种均衡方式，其中 RGB 基于红、绿、蓝平衡图像；亮度基于像素均衡亮度；Photoshop 风格可重新分布图像中的亮度值，使其更能表现整个亮度范围。
- 【色调均化量】：通过设置参数指定重新分布亮度的程度。

7.1.19 【色光】特效

【色光】特效是一种功能强大的通用效果，可在图像中转换颜色和为其设置动画。使用【色光】特效，可以为图像巧妙地着色，也可以彻底更改其调色板。

该特效的参数如图 7-62 所示，应用该特效前后的效果如图 7-63 所示。

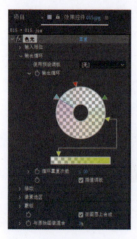  

图 7-62　　　　　　　　　　图 7-63

参数解释如下。

- 【输入相位】：该选项主要是对色彩的相位进行调整。在该选项中包括多个选项，如图 7-64 所示。

  » 【获取相位，自】：选择产生渐变映射的元素，单击右侧的下拉按钮，在弹出的下拉列表中选择即可。

  » 【添加相位】：单击该选项右侧的下拉按钮，在弹出的下拉列表中指定合成图像中的一个图层产生渐变映射。

  » 【添加相位，自】：为当前指定渐变映射的图层添加通道。

  » 【相移】：用于设置相移的旋转角度。

图 7-64

- 【输出循环】：用于设置渐变映射的样式。
  » 【使用预设调板】：单击该选项右侧的下拉按钮，在弹出的下拉列表中设置渐变映射的效果。
  » 【输出循环】：可以调整三角色块来改变图像中相对应的颜色。
  » 【循环重复次数】：控制渐变映射颜色的循环次数。
  » 【插值调板】：取消选中该复选框，系统以256色在色轮上产生粗糙的渐变映射效果。
- 【修改】：用于更改渐变映射的效果。
- 【像素选区】：用于指定色光影响的颜色。
- 【蒙版】：用于指定一个控制色光的蒙版层。
  » 【在图层上合成】：将效果合成在图层画面上。
- 【与原始图像混合】：该选项用于设置特效的应用程度。

7.1.20 【色阶】特效

【色阶】特效用于调整图像的阴影、中间调和高光的强度级别，从而校正图像的色调范围和色彩平衡。该特效的参数如图7-65所示，应用该特效前后的效果如图7-66所示。

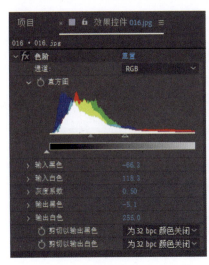

图7-65

图7-66

参数解释如下。

- 【通道】：利用该下拉列表框中的选项，可以在整个颜色范围内对图像进行色调调整，也可以单独编辑特定颜色的色调。
- 【直方图】：该选项用于显示图像中像素的分布情况。

- 【输入黑色】：用于设置输入图像中暗区的阈值，输入的数值将应用到图像的暗区。
- 【输入白色】：用于设置输入图像中白色的阈值，由直方图中右方的白色小三角控制。
- 【灰度系数】：该选项用于设置输出的中间色调。
- 【输出黑色】：用于设置输出图像中黑色的阈值，由直方图下方灰阶条中左方的黑色小三角控制。
- 【输出白色】：用于设置输出图像中白色的阈值，由直方图下方灰阶条中右方的白色小三角控制。
- 【剪切以输出黑色】：该选项用于设置修剪暗区输出的状态。
- 【剪切以输出白色】：该选项用于设置修剪亮区输出的状态。

7.1.21 【色阶（单独控件）】特效

【色阶（单独控件）】特效的使用方法与【色阶】特效相同，只是在调整控件图像的亮度、对比度和灰度系数的时候，它对图像的通道进行单独调整，更加细化了控件的效果。该特效各项参数的含义与【色阶】特效的参数相同，此处不再赘述。该特效的参数如图 7-67 所示，应用该特效前后的效果如图 7-68 所示。

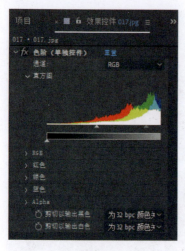
图 7-67

图 7-68

7.1.22 【色相/饱和度】特效

【色相/饱和度】特效用于调整图像中单个颜色分量的主色调、主饱和度和主亮度，其应用效果与【色彩平衡】特效相似。该特效的参数如图 7-69 所示。

参数解释如下。

- 【通道控制】：用于设置颜色通道。如果设置为【主】，将对所有颜色应用效果；若选择其他选项，则对相应的颜色应用效果。
- 【通道范围】：用于控制所调节的颜色通道的范围。两个色条表示其在色轮上的顺序，上面的色条表示调节前的颜色，下面的色条表示在全饱和度下调整后的效果。当对单独的通道进行调节时，下面的色条会显示控制滑杆。拖动竖条会调节颜色范围，拖动三角会调整羽化量。

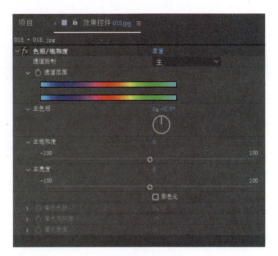

图 7-69

- 【主色相】：用于控制所调节的颜色通道的色调。利用颜色控制轮盘能改变总的色调，对该参数进行设置前后的效果如图 7-70 所示。

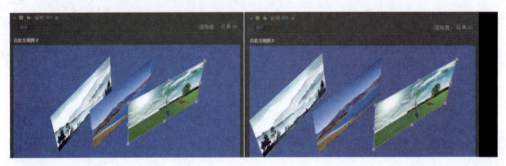

图 7-70

- 【主饱和度】：用于控制所调节的颜色通道的饱和度，设置该参数前后的效果如图 7-71 所示。

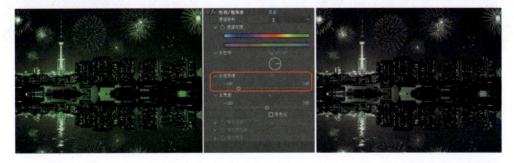

图 7-71

- 【主亮度】：用于控制所调节的颜色通道的亮度，设置该参数前后的效果如图 7-72 所示。

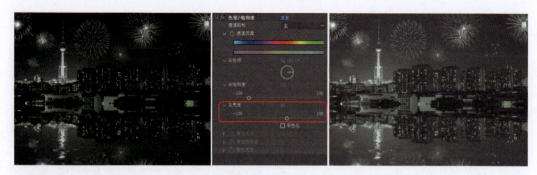

图 7-72

- 【彩色化】：选中该复选框，图像将被转换为单色调效果，设置该参数前后的效果如图 7-73 所示。

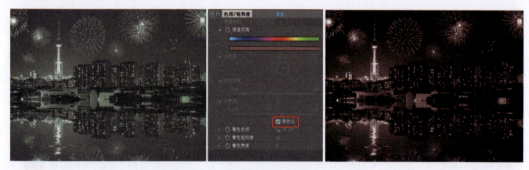

图 7-73

- 【着色色相】：用于设置彩色化后图像的色调，调整前后的效果如图 7-74 所示。

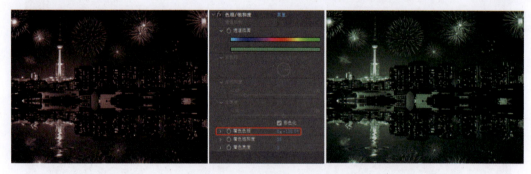

图 7-74

- 【着色饱和度】：用于设置彩色化后图像的饱和度，调整前后的效果如图 7-75 所示。
- 【着色亮度】：用于设置彩色化后图像的亮度。

第 7 章　颜色校正与键控——视频合成高级技巧

图 7-75

7.1.23　【通道混合器】特效

【通道混合器】特效通过对图像中现有颜色通道的混合来修改目标(输出)颜色通道，从而控制单个通道的颜色量。利用该命令，可以创建高品质的灰度图像、棕褐色调图像或其他色调图像，也可以对图像进行创造性的颜色调整。【通道混合器】特效的参数如图 7-76 所示，应用该特效前后的效果如图 7-77 所示。

图 7-76

图 7-77

参数解释如下。

- 【红色/绿色/蓝色】：该组合选项可以用来调整图像色彩，其中左右 X 滑块代表来自 RGB 通道的色彩信息。
- 【单色】：选中该复选框，图像将变为灰色，即单色图像。此时再次调整通道色彩，将会改变单色图像的明暗关系。

7.1.24　【颜色链接】特效

【颜色链接】特效用于将当前图像的颜色信息覆盖在当前图层上，以改变当前图层的颜色。用户可以通过设置不透明度参数，使图像呈现透过玻璃看画面的效果。【颜色链接】特效的参数如图 7-78 所示，应用该特效前后的效果如图 7-79 所示。

图 7-78　　　　　　　　　　　图 7-79

参数解释如下。

- 【源图层】：用户可以在其右侧的下拉列表框中选择需要与当前图像颜色匹配的图层。
- 【示例】：用户可以在其右侧的下拉列表框中选择一种默认的样品来调节颜色。
- 【剪切（%）】：该选项主要用于设置调整的程度。
- 【模板原始 Alpha】：读取原稿的透明模板。如果原稿中没有 Alpha 通道，通过抠像也可以产生类似的透明区域。
- 【不透明度】：该选项用于设置所调整颜色的透明度。
- 【混合模式】：用于调整所选颜色层的混合模式。这是此特效的另一个关键点，最终的颜色链接通过此模式完成。

7.1.25　【颜色平衡】特效

【颜色平衡】特效主要用于调整整体图像的色彩平衡，以及对于普通色彩的校正。通过对图像的 R（红）、G（绿）、B（蓝）通道进行调节，分别调节颜色在暗部、中间色调和高亮部分的强度。【颜色平衡】特效的参数如图 7-80 所示，应用该特效前后的效果如图 7-81 所示。

图 7-80　　　　　　　　　　　图 7-81

参数解释如下。

- 【阴影红色/绿色/蓝色平衡】：分别设置阴影区域中红、绿、蓝的色彩平衡程度，一般默认值为 −100 ～ 100。
- 【中间调红色/绿色/蓝色平衡】：该选项主要用于调整中间区域的色彩平衡程度。
- 【高光红色/绿色/蓝色平衡】：该选项主要用于调整高光区域的色彩平衡程度。

7.1.26 【颜色平衡（HLS）】特效

【颜色平衡（HLS）】特效与【颜色平衡】特效基本相似，不同的是该特效不是调整图像的 RGB 而是 HLS，即调整图像的色相、亮度和饱和度，以改变图像的颜色。【颜色平衡（HLS）】特效的参数如图 7-82 所示，应用该特效前后的效果如图 7-83 所示。

图 7-82　　　　　　　　　　　　图 7-83

参数解释如下。
- 【色相】：该选项主要用于调整图像的色调。
- 【亮度】：该选项主要用于控制图像的明亮程度。
- 【饱和度】：该选项主要用于控制图像的整体颜色饱和度。

7.1.27 【颜色稳定器】特效

【颜色稳定器】特效可以根据周围的环境改变素材的颜色，用户可以通过设置采样颜色来改变画面色彩。【颜色稳定器】特效的参数如图 7-84 所示，应用该特效前后的效果如图 7-85 所示。

图 7-84　　　　　　　　　　　　图 7-85

参数解释如下。
- 【稳定】：该选项主要用于设置颜色稳定的方式，在其右侧的下拉列表中有【亮度】、【色阶】、【曲线】3 种选项。
- 【黑场】：该选项用来指定图像中黑色点的位置。
- 【中点】：该选项用于在亮点和暗点中间设置一个保持不变的中间色调。
- 【白场】：该选项用来指定图像中白色点的位置。
- 【样本大小】：该选项用于设置采样区域的大小。

7.1.28 【阴影/高光】特效

【阴影/高光】特效适合校正由强逆光形成的剪影照片，也可以校正由于太接近相机闪光灯而过曝的焦点区域；在其他光照条件下的图像中，这种调整也可以使阴影区域变亮。【阴影/高光】是非常有用的特效，它能够基于阴影或高光中的局部相邻像素来校正每个像素：在调整阴影区域时，对高光区域的影响很小；而调整高光区域时，又对阴影区域的影响很小。【阴影/高光】特效的参数如图 7-86 所示；应用该特效前后的效果如图 7-87 所示。

图 7-86　　　　　　　　　　　　　　　　图 7-87

参数解释如下。

- 【自动数量】：选中该复选框，系统将自动对图像进行阴影和高光的调整。选中该复选框后，【阴影数量】和【高光数量】将不能使用。
- 【阴影数量】：该选项用于调整图像的阴影数量。
- 【高光数量】：该选项用于调整图像的高光数量。
- 【瞬时平滑（秒）】：用于调整时间滤波。
- 【场景检测】：选中该复选框，则设置场景检测。
- 【更多选项】：在该参数项下可进一步设置特效的参数。
- 【与原始图像混合】：设置效果图像与原始图像的混合程度。

7.1.29 【照片滤镜】特效

【照片滤镜】特效是通过模拟在相机镜头前面加装彩色滤镜来调整透过镜头的光的色彩平衡和色温，或者使胶片曝光。在该特效中，允许用户选择预设的颜色或者自定义的颜色调整图像的色相。【照片滤镜】特效的参数如图 7-88 所示，解释如下。

- 【滤镜】：用户可以在其右侧的下拉列表框中选择一个滤镜。选择【冷色滤镜（80）】和【深红】滤镜时的效果如图 7-89 所示。
- 【颜色】：当将【滤镜】设置为【自定义】时，用户可单击该选项右侧的颜色块，在打开的【拾色器】对话框中设置自定义的滤镜颜色。

图 7-88　　　　　　　　　图 7-89

- 【密度】：用来设置滤光镜的滤光浓度。该值越高，颜色的调整幅度就越大。图 7-90 所示为不同密度值时的效果。

图 7-90

- 【保持发光度】：选中该复选框，将对图像中的亮度进行保护，可在添加颜色的同时保持原图像的明暗关系。

7.1.30　【自动对比度】特效

【自动对比度】特效将对图像的自动对比度进行调整。如果图像值和自动对比度的值相近，应用该特效后图像变化效果较小。该特效的参数如图 7-91 所示，应用该特效前后的效果如图 7-92 所示。

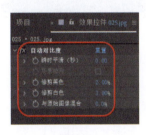  

图 7-91　　　　　　　　　图 7-92

参数解释如下。

- 【瞬时平滑（秒）】：用于指定一个时间滤波范围，以秒为单位。
- 【场景检测】：检测图层中的图像。
- 【修剪黑色】：修剪阴影部分的图像，加深阴影。
- 【修剪白色】：修剪高光部分的图像，提高高光亮度。
- 【与原始图像混合】：该选项用于设置特效图像与原图像间的混合程度。

7.1.31 【自动色阶】特效

【自动色阶】特效可对图像进行自动色阶的调整。如果图像值和自动色阶的值相近，应用该特效后的图像变化效果比较小。该特效各项参数的含义与【自动对比度】特效相似，此处不再赘述。该特效的参数如图7-93所示，应用该特效前后的效果如图7-94所示。

图 7-93

图 7-94

7.1.32 【自动颜色】特效

【自动颜色】特效与【自动对比度】特效的参数设置相似，只是比【自动对比度】特效多了【对齐中性中间调】选项。该特效的参数如图7-95所示，应用该特效前后的效果如图7-96所示。

图 7-95

图 7-96

其中【对齐中性中间调】参数用于识别并自动调整中间颜色影调。

7.1.33 【自然饱和度】特效

使用【自然饱和度】特效调整饱和度，可在图像颜色接近最大饱和度时，最大限度地减少修剪。该特效的参数如图7-97所示，应用该特效前后的效果如图7-98所示。

参数解释如下。

- 【自然饱和度】：用于设置颜色饱和度的轻微变化效果。数值越大，饱和度越高；反之，饱和度越低。
- 【饱和度】：用于设置颜色饱和度的显著差异效果。数值越大，饱和度越高，反之，饱和度越低。

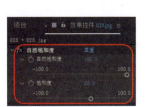  

图 7-97   图 7-98

7.1.34 【Lumetri 颜色】特效

　　After Effects 为用户提供了专业品质的 Lumetri 颜色分级和颜色校正工具，可让用户直接在时间轴上为素材分级。用户可以从【效果】菜单以及【效果和预设】面板的【颜色校正】类别访问【Lumetri 颜色】效果。【Lumetri 颜色】特效经过 GPU 加速，可更快地实现。使用这些工具，用户可以用具有创意的全新方式按序列调整颜色、对比度和光照，同时可以在编辑和分级任务之间自由转换，而无须导出或启动单独的分级应用程序。【Lumetri 颜色】特效的参数如图 7-99 所示，应用该特效前后的效果如图 7-100 所示。

　　【Lumetri 颜色】特效的工作方式与 Premiere Pro 中的【颜色】面板相同。

图 7-99   图 7-100

7.2 键控特效

键控也称为叠加或抠像，在影视制作领域是被广泛采用的技术手段，和蒙版在应用上基本相似。【键控】特效主要是将素材中的背景去掉，从而保留场景的主体。

7.2.1 CC Simple Wire Removal（擦钢丝）特效

CC Simple Wire Removal（擦钢丝）特效是利用一根线将图像分割，在线的部位产生模糊效果。该特效的参数如图7-101所示，应用该特效前后的效果如图7-102所示。

图 7-101　　　　　　　　　　　图 7-102

参数解释如下。

- Point A（点A）：该选项用于设置控制点A在图像中的位置。
- Point B（点B）：该选项用于设置控制点B在图像中的位置。
- Removal Style（移除样式）：该选项用于设置移除钢丝时的填充方式。
- Thickness（厚度）：该选项用于设置钢丝的粗细。
- Slope（倾斜）：该选项用于设置钢丝的倾斜角度。
- Mirror Blend（镜像混合）：该选项用于设置线与原图像的混合程度。值越大，越模糊；值越小，越清晰。
- Frame Offset（帧偏移）：当Removal Style（移除样式）设置为Frame Offset时，该选项才可用。

7.2.2 Keylight（1.2）特效

Keylight（1.2）特效可以通过指定颜色对图像进行抠除，用户可以对其进行参数设置，从而产生不同的效果。该特效的参数如图7-103所示，应用该特效前后的效果如图7-104所示。

参数解释如下。

- View（视图）：用户可以在其右侧的下拉列表框中选择不同的视图。
- Screen Colour（屏幕颜色）：该选项用于设置要抠除的颜色。
- Screen Gain（屏幕增益）：该选项用于设置屏幕颜色的饱和度。

第 7 章 颜色校正与键控——视频合成高级技巧

图 7-103

图 7-104

- Screen Balance（屏幕平衡）：该选项用于设置屏幕色彩的平衡。
- Screen Matte（屏幕蒙版）：该选项用于调节图像中黑白所占的比例及图像的柔和度。
- Inside Mask（内侧遮罩）：该选项用于为图像添加并设置抠像内侧的遮罩属性。
- Outside Mask（外侧遮罩）：该选项用于为图像添加并设置抠像外侧的遮罩属性。
- Foreground Colour Correction（前景色校正）：该选项用于设置蒙版影像的色彩属性。
- Edge Colour Correction（边缘色校正）：该选项用于校正特效的边缘色。
- Source Crops（来源）：该选项用于设置裁剪影像的属性类型及参数。

7.2.3 【差值遮罩】特效

【差值遮罩】特效通过对差异层与特效层进行颜色对比，将相同颜色的区域抠出，从而制作出透明的效果。该特效的参数如图 7-105 所示，解释如下。

- 【视图】：该选项用于选择不同的图像视图。
- 【差值图层】：该选项用于指定与特效层进行比较的差异层。
- 【如果图层大小不同】：该选项用于设置差异层与特效层的对齐方式。
- 【匹配容差】：该选项用于设置颜色对比的范围。值越大，包含的颜色信息量就越多。
- 【匹配柔和度】：该选项用于设置颜色的柔和程度。
- 【差值前模糊】：该选项用于设置模糊值。

图 7-105

7.2.4 【亮度键】特效

【亮度键】特效主要是利用图像中像素的不同亮度来进行抠图，主要用于明暗对比度比较大但色相变化不大的图像。该特效的参数如图 7-106 所示，应用该特效前后的效果如图 7-107 所示。

图 7-106　　　　　　　　　　　图 7-107

参数解释如下。

- 【键控类型】：该选项用于指定亮度键的类型，其中选择【抠出较亮区域】选项会使比指定亮度值亮的像素透明；选择【抠出较暗区域】选项会使比指定亮度值暗的像素透明；选择【抠出相似区域】选项会使亮度值宽容度范围内的像素透明；选择【抠出非相似区域】选项会使亮度值宽容度范围外的像素透明。
- 【阈值】：用于指定要键出的亮度值。
- 【容差】：用于指定键出亮度值的宽容度。
- 【薄化边缘】：用于设置对键出区域边界的调整。
- 【羽化边缘】：用于设置键出区域边界的羽化度。

7.2.5 【内部/外部键】特效

【内部/外部键】特效可以通过指定的遮罩来定义内边缘和外边缘，然后根据内外遮罩进行图像差异比较，从而得到一个透明的效果。该特效的参数如图 7-108 所示，应用该特效前后的效果如图 7-109 所示。

图 7-108　　　　　　　　　　　图 7-109

参数解释如下。

- 【前景（内部）】：为键控特效指定前景遮罩。
- 【其他前景】：对于较为复杂的键控对象，需要为其指定多个遮罩，以进行不同部位的键出。
- 【背景（外部）】：为键控特效指定外边缘遮罩。
- 【其他背景】：在该选项中可添加更多的背景遮罩。
- 【单个蒙版高光半径】：当使用单一遮罩时，修改该参数就可以扩展遮罩的范围。
- 【清理前景】：在该参数栏中，可以根据指定的遮罩路径清除前景色。
- 【清理背景】：在该参数栏中，可以根据指定的遮罩路径清除背景。
- 【薄化边缘】：该选项用于设置边缘的粗细。
- 【羽化边缘】：该选项用于设置边缘的柔化程度。
- 【边缘阈值】：该选项用于设置边缘颜色的阈值。
- 【反转提取】：选中该复选框，将设置的提取范围进行反转。
- 【与原始图像混合】：该选项用于设置特效图像与原图像间的混合程度。值越大，特效图与原图就越接近。

7.2.6 【提取】特效

【提取】特效是根据指定的一个亮度范围来产生透明，其中亮度范围的选择是基于通道的直方图。对于具有黑色或白色背景的图像，或背景亮度与保留对象之间亮度反差很大的复杂背景图像，使用该特效效果较好。该特效的参数如图 7-110 所示，应用该特效前后的效果如图 7-111 所示。

图 7-110

图 7-111

参数解释如下。

- 【直方图】：该选项用于显示图像亮区、暗区的分布情况和参数值的调整情况。
- 【通道】：该选项用于设置抠像图层的色彩通道，其中包括亮度、红色、绿色等 5 种通道。

- 【黑场】：该选项用于设置黑点的范围，小于该值的黑色区域将变成透明。
- 【白场】：该选项用于设置白点的范围，小于该值的白色区域将变成透明。
- 【黑色柔和度】：该选项用于调节暗色区域的柔和程度。
- 【白色柔和度】：该选项用于调节亮色区域的柔和程度。
- 【反转】：选中该复选框后，可反转蒙版。

7.2.7 【线性颜色键】特效

【线性颜色键】特效可以根据 RGB 色彩信息或色相及饱和度信息与指定的键控色进行比较。该特效的参数如图 7-112 所示，应用该特效前后的效果如图 7-113 所示。

图 7-112　　　　　　　　　　图 7-113

参数解释如下。
- 【预览】：该选项用于显示素材原图和键控预览效果图。
- 【键控滴管】：用于在素材原图中选择键控色。
- 【加滴管】：用于增加键控色的颜色范围。
- 【减滴管】：用于减少键控色的颜色范围。
- 【视图】：该选项用于设置视图的查看效果。
- 【主色】：该选项用于设置需要设为透明色的颜色。
- 【匹配颜色】：该选项用于设置抠像的色彩空间模式，用户可以在其右侧的下拉列表框中选择【使用 RGB】、【使用色调】、【使用色度】3 种模式。其中【使用 RGB】是以红、绿、蓝为基准的键控色；【使用色调】是基于对象发射或反射的颜色为键控色，以标准色轮廓的位置进行计量；【使用色度】的键控色是基于颜色的色调和饱和度。
- 【匹配容差】：用于设置透明颜色的容差度。较低的数值产生透明较少，较高的数值产生透明较多。
- 【匹配柔和度】：用于调节透明区域与不透明区域之间的柔和度。
- 【主要操作】：用于设置键控色是键出还是保留原色。

7.2.8 【颜色差值键】特效

【颜色差值键】特效是将指定的颜色划分为 A、B 两个部分实现抠像操作，其中蒙版 A 使指定键控色之外的其他颜色区域透明，蒙版 B 使指定的键控颜色区域透明；将两个蒙版透明区域进行组合，得到第 3 个蒙版的透明区域，这个新的透明区域就是最终的 Alpha 通道。该特效的参数如图 7-114 所示；应用该特效前后的效果如图 7-115 所示。

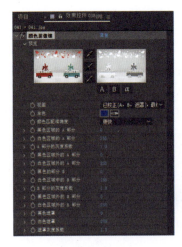

图 7-114

图 7-115

参数解释如下。

- 【预览】：用于预演素材视图和遮罩视图。素材视图用于显示源素材画面缩略图，遮罩视图用于显示调整的遮罩情况。单击下面的 A、B、α 按钮，可分别查看遮罩 A、遮罩 B、Alpha 遮罩。
- 【视图】：该选项用于设置图像在【合成】面板中的显示模式，在其右侧的下拉列表框中共提供了 9 种模式。
- 【主色】该选项用于设置需要抠除的颜色。用户可用吸管工具直接在面板中吸取，也可通过色块设置颜色。
- 【颜色匹配准确度】：该选项主要用于设置颜色匹配的精确度。用户可在其右侧的下拉列表框中选择【更快】和【更精确】选项。
- 【黑色区域的 A 部分】：用于设置 A 遮罩的非溢出黑平衡。
- 【白色区域的 A 部分】：用于设置 A 遮罩的非溢出白平衡。
- 【A 部分的灰度系数】：用于设置 A 遮罩的伽玛校正值。
- 【黑色区域外的 A 部分】：用于设置 A 遮罩的溢出黑平衡。
- 【白色区域外的 A 部分】：用于设置 A 遮罩的溢出白平衡。
- 【黑色的部分 B】：用于设置 B 遮罩的非溢出黑平衡。

- 【白色区域中的 B 部分】：用于设置 B 遮罩的非溢出白平衡。
- 【B 部分的灰度系数】：用于设置 B 遮罩的伽玛校正值。
- 【黑色区域外的 B 部分】：用于设置 B 遮罩的溢出黑平衡。
- 【白色区域外的 B 部分】：用于设置 B 遮罩的溢出白平衡。
- 【黑色遮罩】：用于设置 Alpha 遮罩的非溢出黑平衡。
- 【白色遮罩】：用于设置 Alpha 遮罩的非溢出白平衡。
- 【遮罩灰度系数】：用于设置 Alpha 遮罩的伽玛校正值。

7.2.9 【颜色范围】特效

【颜色范围】特效通过键出指定的颜色范围来产生透明效果，可以应用的色彩空间包括 Lab、YUV 和 RGB。这种键控方式可以应用在背景包含多个颜色、背景亮度不均匀和包含相同颜色阴影的情形，这个新的透明区域就是最终的 Alpha 通道。该特效的参数如图 7-116 所示，应用该特效前后的效果如图 7-117 所示。

图 7-116

图 7-117

参数解释如下。

- 【键控滴管】 ：使用该工具可从蒙版缩略图中吸取键控色，用于在遮罩视图中选择开始键控颜色。
- 【加滴管】 ：用于增加键控色的颜色范围。
- 【减滴管】 ：用于减少键控色的颜色范围。
- 【模糊】：对边界进行柔和模糊，用于调整边缘柔和度。
- 【色彩空间】：用于设置键控颜色范围的颜色空间，有 Lab、YUV 和 RGB 3 种方式。
- 【最小值】/【最大值】：对颜色范围的开始和结束颜色进行精细调整，精确调整颜色空间参数，（L, Y, R）、（a, U, G）和（b, V, B）代表颜色空间的

3个分量。【最小值】表示调整颜色范围的开始，【最大值】表示调整颜色范围的结束。（L、Y、R）控制指定颜色空间的第一个分量；（a、U、G）控制指定颜色空间的第二个分量；（b、V、B）控制指定颜色空间的第三个分量。

7.2.10 【颜色键】特效

【颜色键】特效可以将素材的某种颜色及其相似的颜色范围设置为透明，还可以对素材进行边缘预留设置。这是一种比较初级的键控特效，如果要处理的图像背景复杂，则不适合使用该特效。该特效的参数如图 7-118 所示，解释如下。

- 【主色】：该选项用于设置要键出的颜色值。用户可以通过单击其右侧的色块或使用吸管工具设置颜色，效果如图 7-119 所示。

图 7-118

图 7-119

- 【颜色容差】：用于设置键出色彩的容差范围。容差范围越大，就有越多与指定颜色相近的颜色被键出；容差范围越小，则被键出的颜色越少。该值设置为 50 时的效果如图 7-120 所示。
- 【薄化边缘】：用于对键出区域的边界进行调整。
- 【羽化边缘】：该选项主要用于设置抠像蒙版边缘的虚化程度。数值越大，与背景的融合效果越紧密。

图 7-120

217

课堂练习——黑夜蝙蝠动画

本案例将介绍如何制作黑夜蝙蝠动画短片，方法是首先添加素材图片，在视频图层上使用【颜色键】效果，通过设置【颜色键】效果参数，将视频与图片合成在一起，最终效果如图 7-121 所示。

图 7-121

步骤 01 按 Ctrl+O 组合键，打开"素材\Cha07\黑夜蝙蝠动画素材.aep"素材文件，在【项目】面板中选择"黑夜背景.mp4"文件，将其拖至【时间轴】面板中，如图 7-122 所示。

步骤 02 将【项目】面板中的 Bats.avi 素材添加到【时间轴】面板的顶部，将其【缩放】设置为（175%，175%），如图 7-123 所示。

图 7-122

图 7-123

步骤 03 选中【时间轴】面板中的 Bats.avi 图层，在菜单栏中选择【效果】|【过时】|【颜色键】命令，在【合成】面板中，将【分辨率】设置为【完整】。在【效果控件】面板中，将【颜色容差】设置为 255，将【薄化边缘】设置为 2，使用【颜色键】中【主色】右侧的 工具吸取视频中的白色，如图 7-124 所示。

步骤 04 拖动时间线，在【合成】面板中观察效果，如图 7-125 所示。

图 7-124　　　　　　　　　　　　图 7-125

7.2.11 【溢出抑制】特效

【溢出抑制】特效可以去除键控后图像残留的键控痕迹，可以将素材的颜色替换成另外一种颜色。该特效的参数如图 7-126 所示，应用该特效前后的效果如图 7-127 所示。

图 7-126　　　　　　　　　　　　图 7-127

参数解释如下。

- 【要抑制的颜色】：该选项用于设置需要抑制的颜色。
- 【抑制】：该选项用于设置抑制程度。

课后项目练习——唯美清新色调

课后项目练习效果展示

本例通过对图片添加特效制作唯美清新色调，如图 7-128 所示。

图 7-128

课后项目练习过程概要

步骤 01 按 Ctrl+O 组合键，打开"素材\Cha07\唯美清新色调素材.aep"素材文件，在【项目】面板中选择"唯美清新色调.jpg"素材文件，将其拖至【时间轴】面板，如图 7-129 所示。

步骤 02 在菜单栏中选择【效果】|【颜色校正】|【色阶】命令，在【效果控件】面板中将【通道】设置为 RGB，将【输入黑色】、【灰度系数】、【输出黑色】分别设置为 31、1.3、30，如图 7-130 所示。

第 7 章　颜色校正与键控——视频合成高级技巧

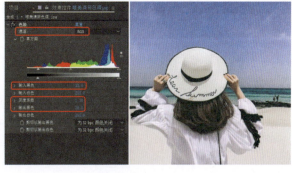

图 7-129　　　　　　　　　　　　　图 7-130

步骤 03 将【通道】设置为【蓝色】，将【蓝色输出黑色】、【蓝色输出白色】分别设置为 60、233，如图 7-131 所示。

步骤 04 为"唯美清新色调.jpg"图层添加【曲线】效果，在【效果控件】面板中为【红色】、【绿色】、【蓝色】通道添加编辑点，并对编辑点进行调整，如图 7-132 所示。

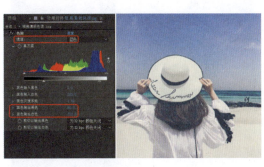
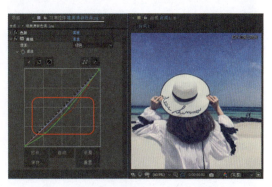

图 7-131　　　　　　　　　　　　　图 7-132

步骤 05 为选中的图层添加【色阶】效果，在【效果控件】面板中将【通道】设置为 RGB，将【灰度系数】、【输出黑色】分别设置为 0.75、34，如图 7-133 所示。

步骤 06 为选中的图层添加【照片滤镜】效果，在【效果控件】面板中将【滤镜】设置为【暖色滤镜（81）】，如图 7-134 所示。

221

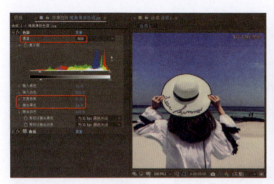 

图 7-133　　　　　　　　　图 7-134

步骤 07 为选中的图层添加【色调】效果，在【时间轴】面板中将【着色数量】设置为 30%，如图 7-135 所示。

步骤 08 为选中的图层添加【颜色平衡】效果，在【时间轴】面板中将【阴影绿色平衡】、【阴影蓝色平衡】、【中间调红色平衡】、【中间调绿色平衡】、【中间调蓝色平衡】、【高光红色平衡】、【高光绿色平衡】、【高光蓝色平衡】分别设置为 7、24、2、23、-3、3、6、14，如图 7-136 所示。

图 7-135　　　　　　　　　图 7-136

第 7 章 颜色校正与键控——视频合成高级技巧

步骤 09 在菜单栏中选择【效果】|【风格化】|【发光】命令，在【时间轴】面板中将【发光阈值】、【发光半径】、【发光强度】分别设置为98%、238、0.2，将【发光颜色】设置为【A 和 B 颜色】，将【颜色 B】设置为 #FF9C00，如图7-137所示。

步骤 10 在菜单栏中选择【效果】|【过时】|【高斯模糊（旧版）】命令，在【时间轴】面板中将【模糊度】设置为1，如图7-138所示。

图 7-137　　　　　　　　　　　图 7-138

步骤 11 在菜单栏中选择【效果】|【模糊和锐化】|【锐化】命令，在【时间轴】面板中将【锐化量】设置为50，如图7-139所示。

步骤 12 为选中的图层添加【颜色平衡】效果，在【时间轴】面板中将【阴影红色平衡】、【阴影绿色平衡】、【阴影蓝色平衡】、【中间调红色平衡】、【中间调绿色平衡】、【中间调蓝色平衡】、【高光红色平衡】、【高光绿色平衡】、【高光蓝色平衡】分别设置为49、0、38、44、9、-8、5、-20、2，如图7-140所示。

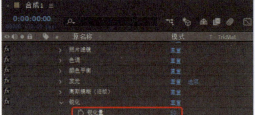

图 7-139

图 7-140

第 8 章

虚拟与现实的结合——3D 摄像机跟踪

内容导读

本章介绍通过跟踪摄像机特效分析二维画面来创建虚拟 3D 摄像机,并使其与原型相匹配,我们也可以添加 3D 对象,并为这些 3D 对象添加光照效果,从而使场景更加逼真。

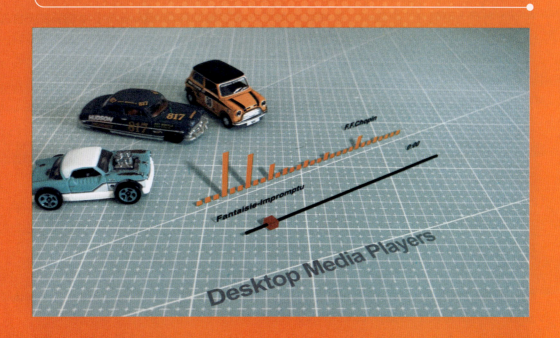

案例精讲　　雷雨效果

为了更好地完成本设计案例，就需要巧妙地运用各种强大的功能和工具，通过对图层、特效、动画等元素的精心组合与调整，让画面从平静的天空瞬间转变为狂风暴雨的场景，仿佛将大自然的狂野力量完美地呈现在观众眼前，最终效果如图 8-1 所示。

图 8-1

8.1 关于跟踪摄像机特效

跟踪摄像机特效能自动分析 2D 画面中出现的运动，提取拍摄现场的正式摄像机的位置和镜头类型，而后在 After Effects 里创建与之匹配的新的 3D 摄像机。该特效也会在 2D 画面上覆盖 3D 跟踪点，这样我们就可以很容易地在原来的画面上添加新的 3D 图层，这些新的 3D 图层具有与原始画面相同的运动和角度变化。

跟踪摄像机特效甚至可以创建"影子捕手"，这样新的 3D 图层就可以把真实的阴影和反射投射到现有画面上了。

因为跟踪摄像机会在后台进行分析，所以我们可以在分析画面的同时处理其他作品。

8.2 开始准备工作

本节我们先通过拍摄一段桌面的视频，创建一个虚拟的桌面播放器，并使得桌面播放器的运动轨迹与镜头一致；接着添加文本、音频频谱等元素，并为这些元素添加阴影，增强画面的真实感，从而完成虚拟与现实的结合。

首先，预览最终影片效果，然后设置项目。

步骤 01 "素材\Cha08\"文件夹中包含"桌面.mp4""幻想即兴曲 - Fantaisie-Impromptu.mp3"和"时间表达式.txt"三个文件。

步骤 02 双击"桌面播放器.mp4"素材文件，打开并播放案例参考视频，查看本案例将创建的效果。

步骤 03 启动 After Effects 2022 时立即按 Ctrl+Shift+Alt 组合键，恢复应用程序的默认

第 8 章 虚拟与现实的结合——3D 摄像机跟踪

参数设置。系统询问是否删除参数文件时，单击 OK 按钮。

步骤 04 After Effects 打开后，显示一个空的无标题项目。执行【文件】|【另存为】命令，在【另存为】对话框中导航到"场景\Cha08\"文件夹，将该项目命名为"桌面播放器_练习.aep"，然后单击【存储】按钮。

8.2.1 导入素材

本案例需要导入两项素材。

步骤 01 执行【文件】|【导入】|【文件】命令。

步骤 02 导航到"素材\Cha08\"文件夹，按住 Ctrl 键依次单击"桌面.mp4""幻想即兴曲 - Fantaisie-Impromptu.mp3"文件，然后单击"导入"按钮。

步骤 03 执行【文件】|【新建】|【新建文件夹】命令，或者单击【项目】面板底部的【新建文件夹】按钮，在【项目】面板中创建一个新的文件夹。

步骤 04 命名该文件夹为"视频"，按 Enter 键，然后将"桌面.mp4"拖至"视频"文件夹下。

步骤 05 创建另外一个新文件夹，并命名为"音频"，然后将"幻想即兴曲 - Fantaisie-Impromptu.mp3"拖至"音频"文件夹内。

步骤 06 展开该文件夹，查看其中内容，如图 8-1 所示。

图 8-1

8.2.2 创建合成

现在我们可以基于"桌面.mp4"文件的长宽比和时长创建新的合成。

步骤 01 将"桌面.mp4"拖至【项目】面板底部的【新建合成】按钮上，在 After Effects 中创建新合成，为其命名为"桌面播放器"，然后将它显示在【时间轴】面板中（见图 8-2）和在【合成】面板中（见图 8-3）。

图 8-2

图 8-3

步骤 02 将合成"桌面播放器"拖至【项目】面板的空白区域，将它移出"视频"文件夹，如图 8-4 所示。

步骤 03 在【时间轴】面板中拖动当前时间线，预览视频剪辑。

步骤 04 执行【文件】|【保存】命令，保存作品。

在这个案例中，为了在桌面空白处添加虚拟的播放器，画面中心始终处于空的状态，为后期添加桌面播放器留出了空间。

图 8-4

8.3 素材跟踪

2D 画面就位后，就可以用 After Effects 进行跟踪，然后再插入 3D 摄像机。

步骤 01 在【时间轴】面板中，单击"桌面.mp4"图层的音频图标 将其关闭（见图 8-5），对"桌面.mp4"图层进行静音操作。

图 8-5

步骤 02 在【时间轴】面板中，选择"桌面.mp4"图层，执行【动画】|【跟踪摄像机】命令，在【效果控件】面板中将显示【3D 摄像机跟踪器】效果，如图 8-6 所示。"3D 摄像机跟踪器"会自动运行，在运行过程中，【合成】面板中将提示"在后台分析"，如图 8-7 所示。

图 8-6

图 8-7

步骤 03 在完成分析后，【合成】面板中将出现很多 形状的跟踪点，如图 8-8 所示。

步骤 04 在【效果控件】面板中，将【3D 摄像机跟踪器】的【高级】选项打开，见图 8-9。如果素材跟踪不理想，可以选中【详细分析】复选框，"3D 摄像机跟踪器"会再次自动重新分析。

第 **8** 章　虚拟与现实的结合——3D 摄像机跟踪

图 8-8

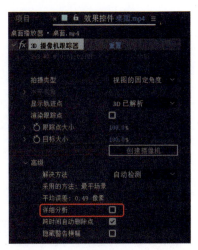

图 8-9

【温馨提示】

　　详细分析可能会花费更多的时间,这取决于计算机的运算能力。一般情况下,只有跟踪效果不够准确,才需要详细分析。

步骤 05 将光标移至【合成】面板,当光标在三个跟踪点 的中间时,画面中将出现一个圆形的标靶目标,如图 8-10 所示。这个标靶是带平面透视效果的,标靶的位置也代表这些跟踪点所在的 3D 空间的平面。

步骤 06 调整【效果控件】面板中的【跟踪点大小】,可以调整画面中跟踪点的大小,如图 8-11 所示。跟踪点的大小不影响跟踪效果,只是能方便观察。

图 8-10

图 8-11

步骤 07 调整【效果控件】面板中的【目标大小】,能调整标靶的尺寸,如图 8-12 所示。调整目标大小能便于对齐画面中纵横的参考线,利于判断跟踪目标的准确性。

229

【温馨提示】

画面中密密麻麻的跟踪点要如何选择？首先拖动时间线，观察跟踪点。在时间线拖动过程中，一直存在的跟踪点就是有效的跟踪点。

图 8-12

8.4 创建平面、摄像机和文本

在有了 3D 场景后，需要添加一个 3D 摄像机。当创建第一个文本元素的时候，需要同时添加一个 3D 摄像机。在后续添加其他元素时，就不需要再添加摄像机了。

步骤 01 在【效果控件】面板中，选中【3D 摄像机跟踪器】效果，在【合成】面板中出现跟踪点，可以将光标移至三个跟踪点中心位置选择目标，可以按住 Ctrl 键在画面中依次选择多个跟踪点，也可以通过使用选择工具自由框选多个跟踪点，如图 8-13 所示。

【温馨提示】

最少需要三个以上的跟踪点，才会创建目标标靶。有些跟踪点在画面中不是一直存在的，如果情况允许，可以尽可能多选跟踪点，以确保预览过程中有效跟踪点都在 3 个以上。

步骤 02 在出现目标标靶后，单击鼠标右键，在弹出的菜单中选择【创建文本和摄像机】命令，如图 8-14 所示，

图 8-13

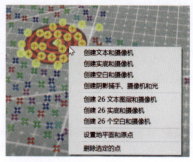

图 8-14

第 8 章 虚拟与现实的结合——3D 摄像机跟踪

步骤 03 在【时间轴】面板中将自动生成一个"文本"图层和一个"3D 跟踪器摄像机"图层,如图 8-15 所示。

步骤 04 选择"文本"图层,在【合成】面板中,文本显示为 3D 透视状态,如图 8-16 所示。

图 11-15　　　　　　　　图 8-16

步骤 05 选择工具栏中的【横排文字工具】,双击"文本"图层,将文本更改为【Desktop Media Players】,并调整【字符】面板参数,如图 8-17 所示。其中文本颜色为（R:98, G:81, B:89）。

步骤 06 观察【合成】面板中的文字效果,如图 8-18 所示。

步骤 07 将光标移至【合成】面板中 3D 坐标系的绿色坐标轴上。当光标右下角出现 Y 字样,表示当前选择为 Y 轴。向下拖动鼠标,移动 Y 轴位置,如图 8-19 所示。

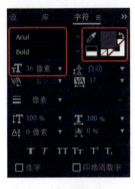

图 8-17

图 8-18　　　　　　　　图 8-19

步骤 08 将光标移至蓝色的 1/4 圆上,当 3D 轴向的蓝色圆完整显示,光标变为 Z 时,代表此时拖动鼠标可以旋转 Z 轴方向,如图 8-20 所示。

步骤 09 通过调整 X 轴和 Y 轴位置,以及旋转 Z 轴,可以将文字调整为与桌面网格上的线平行,如图 8-21 所示。

图 8-20　　　　　　　　　　　图 8-21

步骤 10 按空格键进行视频预览。无论时间停止在什么位置，文本位置始终都与画面中的线平行，如图 8-22 所示。

步骤 11 执行【文件】|【存储】命令，存储文件。

【温馨提示】

将文本或者实底的边线与合成画面中的线条进行对齐放置，通过视频预览，可以更快地确认 3D 摄像机跟踪是否准确。

图 8-22

8.5　创建音乐播放器

为了更好地控制播放器位置，将需要制作的播放器放置在新的合成里进行创建。

8.5.1　音频预合成

步骤 01 执行【图层】|【新建】|【纯色】命令，在弹出的【纯色设置】对话框中设置【名称】为"音频"，如图 8-23 所示。单击【确定】按钮。

步骤 02 选择"音频"图层，执行【图层】|【预合成】命令，在弹出的【预合成】对话框中，设置【新合成名称】为"音频"，如图 8-24 所示。单击【确定】按钮。

步骤 03 双击"音频"预合成，进入"音频"合成编辑，将【项目】面板中的"幻想即兴曲 - Fantaisie-Impromptu.mp3"拖至"音频"合成内，并放置在最底层，如图 8-25 所示。

图 8-23

第 8 章 虚拟与现实的结合——3D 摄像机跟踪

图 8-24　　　　　　　　　图 8-25

步骤 04 选择"音频"纯色图层，执行【效果】|【生成】|【音频频谱】命令，在【效果控件】面板中，设置音频频谱的参数，如图 8-26 所示。其中音频层要选择"幻想即兴曲 - Fantaisie-Impromptu.mp3"图层。

步骤 05 按空格键，预览合成，纯色图层变成了音频频谱，并随着音乐进行起伏（见图 8-27）。

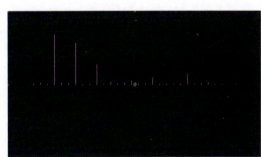

图 8-26　　　　　　　　　图 8-27

步骤 06 执行【效果】|【通道】|【最大/最小】命令，在【项目】面板中设置【最大/最小】下的【半径】为 15，设置【通道】为【Alpha 和颜色】，如图 8-28 所示。【合成】面板中音频线条变得比较粗，如图 8-29 所示。

图 8--28　　　　　　　　　图 8-29

233

8.5.2 文本制作

步骤 01 使用横排文字工具在【合成】面板中单击,输入文字 Fantaisie-Impromptu,并在【字符】面板中调整字体为 Arial,设置字体样式为 Bold;设置字体大小为 60 像素,设置字体颜色为黑色,如图 8-30 所示。单击【合成】面板下的【切换透明网格】按钮,使用移动工具将文字移至与音频左对齐,效果如图 8-31 所示。

图 8-30　　　　　　图 8-31

步骤 02 重复步骤 01,输入文本 F.F.Chopin,并在【段落】面板中设置为右对齐文本;使用移动工具将文本与音频线的右对齐,效果如图 8-32 所示。

步骤 03 执行【图层】|【新建】|【纯色】命令,在弹出的【纯色设置】对话框中,设置【名称】为"网格",并将【颜色】设置为(R:128,G:128,B:128)。在【时间轴】面板中,将"网格"图层移至最下方,如图 8-33 所示。

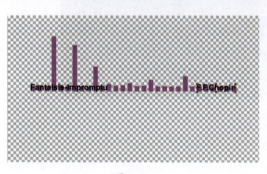

图 8-32　　　　　　图 8-33

8.5.3 开启 3D 图层

步骤 01 选择"网格"图层,执行【效果】|【生成】|【网格】命令,在【效果控件】面板中,设置【大小依据】为【宽度滑块】,设置【宽度】为 200.0,设置【混合模式】为【正常】,如图 8-34 所示。得到一个灰底白线的网格,如图 8-35 所示。

第 8 章 虚拟与现实的结合——3D 摄像机跟踪

图 8-34

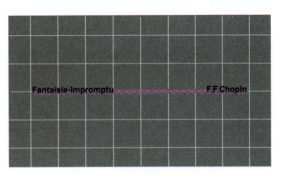

图 8-35

步骤 02 在【时间轴】面板中，将图层 F.F.Chopin、Fantaisie-Impromptu、"音频"和"网格"的 3D 图层模式打开，如图 8-36 所示。

步骤 03 执行【图层】|【新建】|【摄像机】命令，弹出【摄像机设置】对话框，单击【确定】按钮，如图 8-37 所示。

图 8-36

图 8-37

步骤 04 在工具栏中选择【绕光标旋转工具】，在【合成】面板中绕转摄像机位置，使得摄像机角度向右偏移，如图 8-38 所示。

步骤 05 选择"网格"图层，打开图层的【变换】属性，设置【X 轴旋转】为 90。在【合成】面板中，网格的平面与文字和音频呈 90°夹角的状态，如图 8-39 所示。

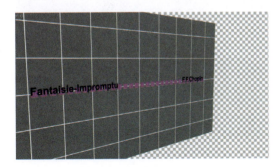

图 8-38

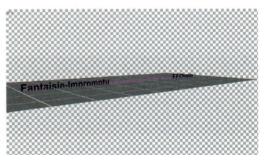

图 8-39

步骤 06 选择"音频"图层,在【合成】面板中,使用选择工具将"音频"图层的绿色 Y 轴向上拖动,移至刚刚穿透网格图层即可,使图层的底部与网格是相切状态,如图 8-40 所示。

步骤 07 使用与步骤 06 相同的方法,将文字图层 F.F.Chopin、Fantaisie-Impromptu 也与网格相切。然后将蓝色 Z 轴向前移动,使其与音频频谱有一定的距离,如图 8-41 所示。

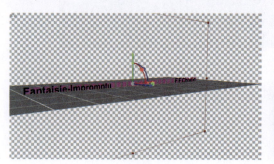
图 8-40

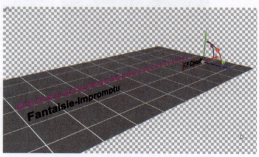
图 8-41

【温馨提示】

　　在移动图层的 3D 位置时,将光标移至箭头的红色、绿色、蓝色轴上,分别会在光标的右下角出现 X、Y、Z 字样,表示当前状态只移动该轴向。移动位置时,一定要一个轴向移完再移动另一个轴向。如果画面显示不太清晰,可以使用绕光标旋转工具,转动摄像机,以便观察画面中物体之间的关系。

步骤 08 在【时间轴】面板中选择 F.F.Chopin 图层。按 Ctrl+D 组合键,对图层进行复制,得到新图层 F.F.Chopin 2,如图 8-42 所示。

步骤 09 使用横排文字工具双击 F.F.Chopin 2 文本,将文本内容更改为 00000,再使用选择工具将 F.F.Chopin 图层的 Z 轴向后移动,如图 8-43 所示。

图 8-42

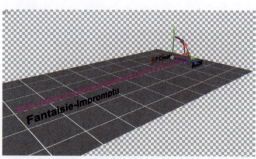
图 8-43

8.5.4 制作播放时间轴

步骤01 在【时间轴】面板中，将"摄像机1"图层的◉图标关闭，【合成】面板中的画面将失去3D预览效果，如图8-44所示。

步骤02 执行【图层】|【新建】|【形状图层】命令，在【时间轴】面板中得到"形状图层1"。展开图层的折叠开关，单击【内容】后的【添加】按钮，在弹出的下拉菜单中选择【矩形】命令，如图8-45所示。

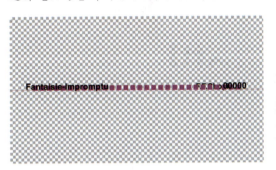
图 8-44

图 8-45

步骤03 再次单击【添加】按钮，在弹出的下拉菜单中选择【填充】命令，得到一个红色填充的正方形，如图8-46所示。

> 【温馨提示】
>
> 不使用矩形工具直接绘制矩形，而是通过形状图层和添加矩形、填充来创建图形，其目的是为了创建一个位置绝对居中的矩形。

步骤04 将"形状图层1"图层的3D图层模式打开。打开"摄像机1"图层的图标◉，并关闭"网格"图层的◉图标，在【合成】面板中预览的效果，如图8-47所示。

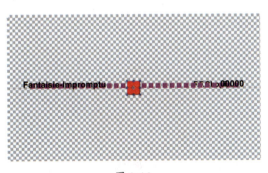
图 8-46

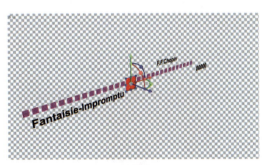
图 8-47

步骤05 选择"形状图层1"图层，按Ctrl+D组合键，得到复制图层"形状图层2"，如图8-48所示。

步骤 06 选择"形状图层2"图层,在工具栏中选择【向后平移(锚点)工具】,在工具栏中选中【对齐】复选框,将锚点移至矩形上边的中间对齐,如图8-49所示。

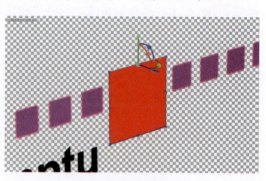

图 8-48

图 8-49

步骤 07 打开"形状图层2"图层的【变换】开关,将【X轴旋转】设为90,得到一个与"形状图层1"垂直的面,如图8-50所示。

步骤 08 选择"形状图层2"图层,按Ctrl+D组合键,得到"形状图层3"图层。将图层的轴心点移至图8-51所示的位置。

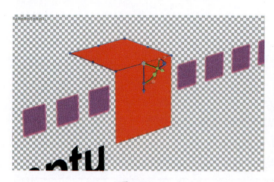

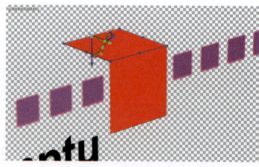

图 8-50

图 8-51

步骤 09 打开"形状图层3"图层的【变换】开关,将【X轴旋转】设为180,得到一个与"形状图层2"垂直的面,如图8-52所示。

步骤 10 按照步骤08、09,继续复制得到"形状图层4",旋转后的效果如图8-53所示。

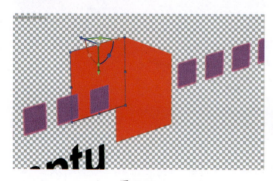

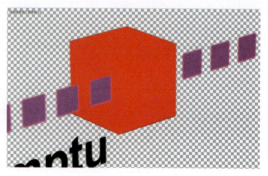

图 8-52

图 8-53

第 8 章　虚拟与现实的结合——3D 摄像机跟踪

步骤 11 执行【图层】|【新建】|【灯光】命令,在弹出的【灯光设置】对话框中单击【确定】按钮。有灯光的加持,立方体的形状会更直观,如图 8-54 所示。

步骤 12 选择"形状图层 1"图层,按两次 Ctrl+D 组合键。选择"形状图层 5"图层,使用向后平移(锚点)工具将锚点移至左侧中点,如图 8-55 所示。

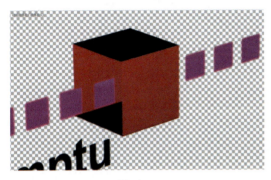

图 8-54　　　　　　　　　　　　图 8-55

步骤 13 打开"形状图层 5"图层的【变换】开关,将【Y 轴旋转】设为 -90,得到一个与"形状图层 1"垂直的面,如图 8-56 所示。

步骤 14 同样的操作,复制得到"形状图层 6",将其锚点移至右侧中点,【Y 轴旋转】设为 90,自此用矩形搭建的 6 面体盒子已经完成,删除"灯光"图层,如图 8-57 所示。

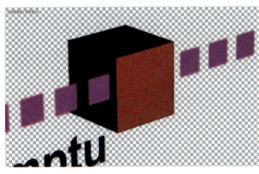 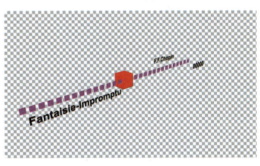

图 8-56　　　　　　　　　　　　图 8-57

8.5.5　控制时间轴

步骤 01 执行【图层】|【新建】|【空对象】命令,在【时间轴】面板中,将图层空对象"空 1"的 3D 图层模式开启。选择立方体盒子的"形状图层 1"～"形状图层 6"共 6 个图层,将其【父级和链接】更改为【空 1】,如图 8-58 所示。

步骤 02 选择"空 1"图层,在【合成】面板中,沿着 Z 轴将空对象向前移动,立方体的盒子也会跟随一起移动,如图 8-59 所示。

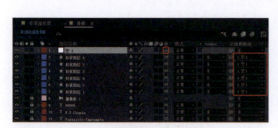
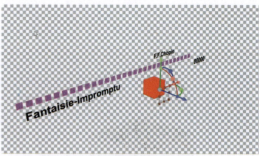

图 8-58　　　　　　　　　　　　　图 8-59

步骤 03 选择"空 1"图层，按键盘上的 S 健，打开图层的【缩放】属性，调整为（50.0, 50.0, 50.0），将立方体缩小，如图 8-60 所示。

步骤 04 按住 Shift 键，选择图层"空 1"到"形状图层 1"共 7 个图层。按 Ctrl+D 组合键，将这 7 个图层复制，并将复制得到的图层移至最上方。将"空 2"重命名为"滑块"，将"空 1"重命名为"滑杆"，如图 8-61 所示。

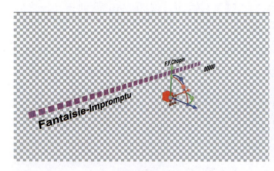

图 8-60　　　　　　　　　　　　　图 8-61

步骤 05 选择"滑杆"图层，按 S 键，打开【缩放】属性，将【约束比例】图标关闭，调整数值为（1480.0, 10.0, 10.0），立方体的盒子将会拉细、拉长，如图 8-62 所示。

步骤 06 选择"形状图层 1"～"形状图层 6"，将这 6 个图层的颜色更改为黑色，如图 8-63 所示。

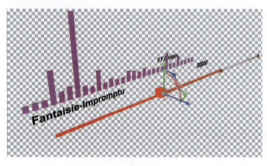

图 8-62　　　　　　　　　　　　　图 8-63

第 8 章　虚拟与现实的结合——3D 摄像机跟踪

步骤 07　选择"滑块"图层，将蓝色的 Z 轴向前轻微移动，将"滑杆"从"滑块"的中心穿过，如图 8-64 所示。

步骤 08　在【时间轴】面板中，将"滑块"图层的【父级和链接】设为【滑杆】，如图 8-65 所示。

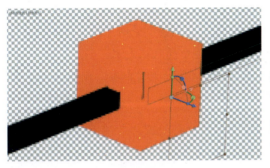

图 8-64

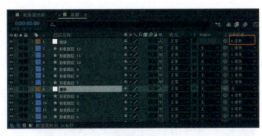

图 8-65

步骤 09　在【时间轴】面板中，将时间线移至 0:00:00:00 处。选择"滑块"图层，使用选择工具，移动红色 X 轴至黑色滑杆的左侧，如图 8-66 所示。按 P 键，展开【位置】属性，单击【位置】前的 按钮，指定关键帧动画。

步骤 10　将时间线移至 0:00:09:22 处，选择"滑块"图层，使用选择工具移动红色 X 轴至黑色滑杆的右侧，如图 8-67 所示。

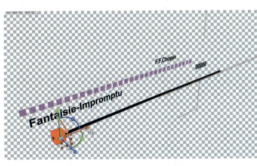

图 8-66　　　　　　　　　　　　　　图 8-67

步骤 11　按空格键预览动画。随着音乐的响起，音频频谱不断起伏，滑块从左到右随着时间的播放进行移动。

8.5.6　时间表达式

步骤 01　选择 00000 图层，展开【文本】属性，如图 8-68 所示。

步骤 02　按住 Alt 键单击【源文本】前的 按钮，在时间轨道中将会出现文本输入框，如图 8-69 所示。

图 8-68   图 8-69

步骤 03 打开"素材 \Cha08\"文件夹中的"时间表达式 .txt"文档,将其中的所有文字全选并复制后,粘贴到文本输入框中,替换文本输入框中的默认文本,如图 8-70 所示。

步骤 04 单击软件界面中任意空白区域,退出文本输入状态。按空格键,预览合成效果,文字 00000 将随着时间流动,变成时间计时器,如图 8-71 所示。

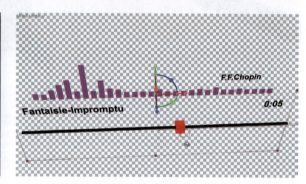

图 8-70   图 8-71

8.5.7 播放器的检查

步骤 01 将【时间轴】面板中"网格"图层的【显示】图标开启,观察所有的图层是否都与网格平面垂直相切,如图 8-72 所示。

步骤 02 使用绕转光标工具调整画面 3D 角度,选择"滑杆"图层,使用选择工具控制绿色 Y 轴,将"滑杆"向上拖动,使得"滑杆"与"网格"有一定的空隙,如图 8-73 所示。

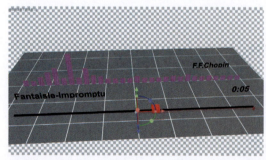   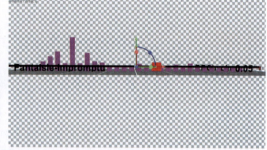

图 8-72   图 8-73

步骤 03 将"网格"图层的【显示】图标关闭,执行【文件】|【保存】命令。

8.6 三维物体置入跟踪摄像机

步骤 01 双击【项目】面板中的合成"桌面播放器",激活编辑状态,如图 8-74 所示。

步骤 02 选择"桌面.mp4"图层,在【效果控件】面板中单击【3D 摄像机跟踪器】效果,画面中的跟踪点会再次显示,如图 8-75 所示。

图 8-74

图 8-75

> 【温馨提示】
>
> 不更改 3D 摄像机跟踪器的参数,其跟踪点不会自动再次跟踪。

步骤 03 在桌面位置选择几个跟踪点,出现标靶后,单击鼠标右键,在弹出的快捷菜单中选择【创建实底】命令,如图 8-76。

步骤 04 选中"跟踪实底 1"图层后,按 S 键,打开【缩放】属性,调整大小,如图 8-77 所示。将"跟踪实底 1"图层放置在"音频"图层之下。

图 8-76

图 8-77

步骤 05 选择"音频"图层,将【父级和链接】设置为【跟踪实底 1】。将图层的【折叠变换】图标开启,开启 3D 图层模式,如图 8-78 所示。

步骤 06 观察【合成】面板,"音频"图层以一个盒子的状态在画面中显示,位置与"跟踪实底 1"图层是一致的,如图 8-79 所示。

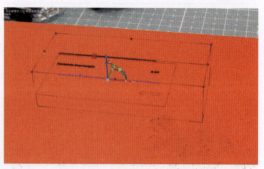

图 8-78　　　　　　　　　　　　　　图 8-79

【温馨提示】

在这个步骤中,需要先指定父级和链接,然后再开启 3D 图层模式和折叠变换。

步骤 07 展开"音频"图层的【变换】属性,调整【X 轴旋转】为 +90;关闭缩放的【约束比例】图标,调整【缩放】为(57.0, 242.0, 57.0),播放器将垂直立在左面上,大小合适,如图 8-80 所示。

步骤 08 关闭"跟踪实底 1"图层前的图标,隐藏图层。按空格键,预览合成,播放器将在画面中随着镜头同步移动,如图 8-81 所示。

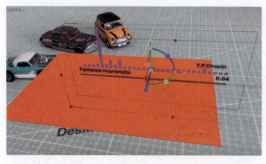

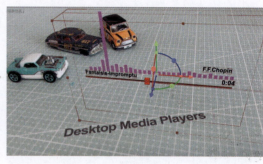

图 8-80　　　　　　　　　　　　　　图 8-81

步骤 09 执行【文件】|【保存】命令。

8.7 创建真实的阴影

虽然三维对象已经与摄像机镜头一致，但因为没有阴影，会有一种不真实感。通过创建阴影捕手和灯光，可以给三维对象增加阴影。

步骤 01 选择图层"桌面 .mp4"，在【效果控件】面板中单击【3D 摄像机跟踪器】效果，画面中的跟踪点会再次显示。

步骤 02 在桌面位置选择几个跟踪点，出现标靶后，单击鼠标右键，在弹出的快捷菜单中选择【创建阴影捕手和光】命令，如图 8-82 所示。

步骤 03 在【时间轴】面板中得到两个新的图层，即"光源 1"和"阴影捕手 1"，如图 8-83 所示。

图 8-82   图 8-83

步骤 04 选择合成"音频"，双击进入"音频"合成的编辑状态。按住 Ctrl 键，将除空对象、摄像机、mp3 和网格以外的所有图层全部选中，如图 8-84 所示。

步骤 05 按键盘上的 A 键两次，展开所选图层的【材质选项】属性，单击【投影】选项后的【关】字，变为【开】，如图 8-85 所示。

 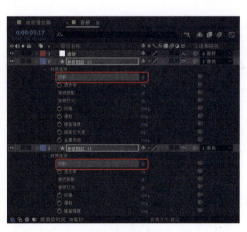

图 8-84   图 8-85

步骤 06 返回合成"桌面播放器",观察画面中播放器与"阴影捕手1"图层交汇的部分,可以看到已经有阴影效果,如图8-86所示。

> 【温馨提示】
>
> 3D物体的阴影投射是需要接受层的,本例中接受播放器阴影的就是"光影捕手1"图层。当光影捕手层小于3D物体时,阴影就只能显示局部。

步骤 07 选择"光影捕手1"图层,按S键,打开【缩放】属性,使得"光影捕手1"图层的大小能够完全盖住3D对象,如图8-87所示。

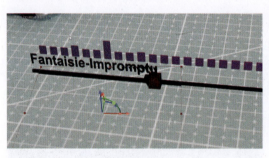
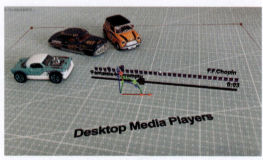

图 8-86 图 8-87

步骤 08 选择"音频"图层,使用选择工具将光标移至绿色的1/4圆坐标。当1/4圆变成整圆状态时,旋转Y轴,将播放器对齐在桌面的另一根斜线上,如图8-88所示。

步骤 09 观察步骤08中的阴影与频谱条纹之间的关系,发现阴影从频谱的中部穿过。使用选择工具将光标移至绿色Y轴上,向上拖动,确保阴影底部与频谱底部对齐,如图8-89所示。

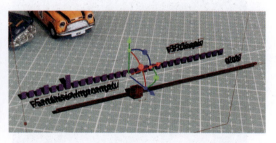

图 8-88 图 8-89

步骤 10 在【时间轴】面板中,将"光源1"图层的【灯光选项】属性打开,调整【阴影深度】为26%,调整【阴影扩散】为500.0像素,如图8-90所示。

第 8 章 虚拟与现实的结合——3D 摄像机跟踪

【温馨提示】

为了得到更好的阴影效果，创建的阴影深度要与画面中阴影深度一致；阴影扩散可以使阴影末端有虚化效果，从而增加阴影的真实性。

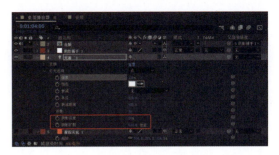

图 8-90

8.8 增加环境光

添加光源并进行调整后，阴影看上去比较真实了，但会导致频谱看起来比较黑，此时需要添加环境光来解决这个问题。与点光源不同，环境光在整个场景中能创造更多的散射光。

步骤 01 执行【图层】|【新建】|【灯光】命令，在弹出的【灯光设置】对话框中，将【灯光类型】改为【环境】，单击【确定】按钮，如图 8-91 所示。

步骤 02 预览合成效果，发现有了环境光后，整个 3D 图层还原了固有色，如图 8-92 所示。

图 8-91　　　　　　　　图 8-92

步骤 03 执行【文件】|【保存】命令。

8.9 调整摄像机景深

通过添加摄像机景深,可以使计算机生成的元素与画面更加匹配。

步骤 01 在【时间轴】面板中,选择"3D跟踪器摄像机"图层,打开图层的【摄像机选项】,设置【景深】为【开】,设置【光圈】为400,设置【焦距】为6357。来回切换景深的"开"和"关",观察景深开启的效果,如图8-93所示。

> 【温馨提示】
>
> 在本例中,【焦距】值需要根据画面中模糊的焦点来定,并在观察中调整,所以不是固定的。

步骤 02 在【时间轴】面板中,将"阴影捕手1"图层和Desktop Media Players图层的【运动模糊开关】打开,并开启【时间轴】面板顶部的【启用运动模糊】按钮,如图8-94所示。

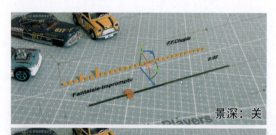

图 8-93   图 8-94

步骤 03 执行【文件】|【保存】命令。

8.10 画面统一调整

任何一个合成的场景,都需要做画面统一的整理,这样会使得合成的物体与场景能更好地融合。

第 8 章　虚拟与现实的结合——3D 摄像机跟踪

步骤 01 执行【图层】|【新建】|【纯色】命令，弹出【纯色设置】对话框，设置【名称】为"杂色"，设置【颜色】为（R：128，G：128，B：128），单击【确定】按钮，如图 8-95 所示。

步骤 02 选择"杂色"图层，依次执行【效果】|【颗粒与杂色】|【杂色】、【效果】|【颜色校正】|【色调】、【效果】|【模糊和锐化】|【高斯模糊】命令，在【效果控件】面板中调整【杂色数量】为 15.0，调整【模糊度】为 0.2，如图 8-96 所示。

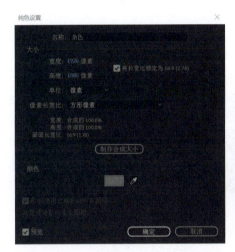
图 8-95

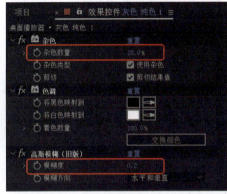
图 8-96

步骤 03 将"杂色"图层的【模式】修改为【叠加】，如图 8-97 所示。

> 【温馨提示】
>
> 如果在【时间轴】面板中未找到图层【模式】选项，可以在【时间轴】面板左下角将【展开或折叠"转换控制"窗格】按钮开启。

步骤 04 放大观察【合成】面板中的画面，发现添加了"杂色"图层后，画面质感得到很好的统一，如图 8-98 所示。

图 8-97

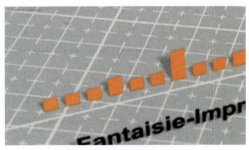
图 8-98

249

步骤 05 执行【图层】|【新建】|【调整图层】命令，在【时间轴】面板中选择"调整图层1"，执行【效果】|【颜色校正】|【Lumetir 颜色】命令。在【效果控件】面板中，打开【创意】属性，在 LooK 右侧的下拉列表框里选择 SL BLUE COLD，如图 8-99 所示。

步骤 06 在【合成】面板中预览画面，发现画面颜色比较统一，但色调偏深可以调整，此时可以调整【效果控件】面板中【Lumetri 颜色】下的【创意】下的【强度】为 70.0，令画面颜色统一，如图 8-100 所示。

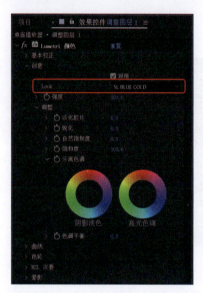

图 8-99

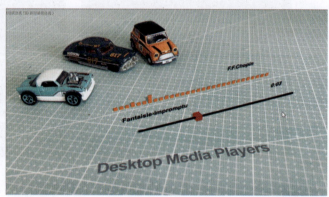

图 8-100

步骤 07 执行【文件】|【保存】命令。

课后项目练习——自行拍摄素材

通过本章的学习，已经了解了一个 3D 图层与 2D 影片的合成流程。在做完本章案例后，读者可自行用手机或者相机拍摄一段视频，并将本章制作的 3D 音频频谱合成到自己的视频中。下列是需要注意的事项。

- 拍摄时，相机镜头需要移动，而不是旋转运动。
- 拍摄画面中需要有一定的平面参考物，光滑的地面是无法做摄像机跟踪的。
- 画面中需要预留一些空的平面，以便于将 3D 音频播放器放置在平面上。
- 拍摄角度应与地面保持一定的倾斜，不能是垂直于地面拍摄。
- 拍摄画面需要清晰，否则无法进行跟踪。

第 3 篇 After Effects 与 AIGC 技术综合应用

在案例制作的多个阶段,使用 AIGC 技术辅助实现更佳的表现效果。

第 9 章

综合案例——
《大美中国》片头设计

内容导读

　　片头设计在短片中扮演着至关重要的角色，它不仅能吸引观众眼球、确定影片基调、引起下文，还能体现企业文化或短片主题，展示创意和技术水平。因此，在制作短片时，需要重视片头的设计和制作，以确保其能够充分发挥作用并为整个短片增色添彩。

　　本章通过使用 AIGC 绘图工具 Stable Diffusion，让设计师可以在多方面提升工作效率和创作质量。通过创建青绿山水的素材，可以为设计师快速生成设计参考，激发出新的设计灵感。通过训练 LoRA 模型控制生成元素效果或形态，可以实现相对定制化的视觉需求。

9.1 在 SD 中生成素材

本章将讲解如何使用 AIGC 工具 Stable Diffusion（以下简称 SD）生成素材，并将其处理成片头设计中能使用的素材。

在一个实际项目中，素材版权问题和收集素材的经济和时间成本都比较高。随着 AIGC 技术的进步，合理借用 AIGC 辅助工具，不仅能显著提高工作效率，还能在效果图色彩搭配、空间布局、氛围营造方面得到很有价值的启发，获得参考借鉴，助力不断优化效果表现。

借力 AIGC 实现辅助制图，第一步需要做的是根据项目类型，提炼出 AIGC 能够"听懂"的关键词——提示词；若要将画面定格在一个特定的风格中，还得借助 LoRA 模型。

9.1.1 提示词的输入

设置如下。

（1）正向提示词输入：mountain, The mountains and fields are covered in white snow, winter, cold, heavy snow, village, The village is on the mountaintop, Rapeseed flower, guochao, masterpiece, best quality, illustration, extremely detailed CG unity 8k wallpaper, landscape, cloud, no humans, (sea of clouds:0.3), (mountain:1.2), (fog:0.1), vista, wide angle, lake, waterfall, (tree:0.1), (guohuashanshui:0.1)。

（2）反向提示词输入：NSFW, (worst quality:2), (low quality:2), (normal quality:2), lowres, watermark, deformed, circle。

（3）Stable Diffusion 模型：小资禅意山水 - 青绿山水人物 - 鎏金人物山水 - 国风插画系列 _1.0。

（4）采样（Sampler）：DPM++ 2M Karras。

（5）相关性（CFG scale）：7。

（6）步数（Steps）：30。

（7）图片尺寸：1536 px × 1024 px。

在 Stable Diffusion 的提示词输入区域进行描述和添加提示词，并设置参数，如图 9-1 所示。

本例风格定位在宋青绿山水画风上，所以 LoRA 的选择为"全网首发 _ 青绿万重山——素语山水02_v1.0"和"古典青绿山水_古典青绿山水",权重可以设置在0.3～1。通过多次生成,可以得到更多的艺术效果,如图9-2所示。

图 9-1

图 9-2

9.1.2 素材处理

步骤 01 在 Photoshop 中打开在 Stable Diffusion 中生成的图片,如图9-3所示。

步骤 02 使用快速选择工具选择合适的山体,执行【选择】|【反选】命令进行选区反选,然后按 Delete 键删除山体以外的部分。如图9-4所示。

图 9-3

图 9-4

步骤 03 在工具栏中选择【橡皮擦工具】,将【画笔大小】设置为25,【硬度】设置为0,擦出山体的水平线,注意山体底部有一定的羽化过渡。使用裁切工具沿山体进行裁切,如图9-5所示。保存文件为"山水1.psd"。

步骤 04 重复01～03步骤,对另一张素材进行处理,结果如图9-6所示。保存文件为"山水2.psd"。

图 9-5

图 9-6

9.2 制作群山镜头

本节将讲解如何进行片头设计，具体操作步骤如下。

步骤 01 在 After Effects 的【项目】面板中单击【新建合成】按钮，在弹出的【新建合成】对话框中设置【合成名称】为"山水镜头"，设置【预设】为 HDV/ HDTV 720 25，设置【持续时间】为 0:00:10:00，如图 9-7 所示。单击【确定】按钮。

步骤 02 将"素材 \Cha09\"下所有素材都导入【项目】面板，如图 9-8 所示。

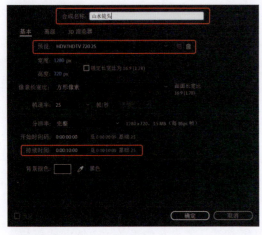

图 9-7

图 9-8

步骤 03 将"山水 1.psd"和"山水 2.psd"分别拖至"山水镜头"合成中，并使用向后平移（锚点）工具将"山水 1.psd"图层的锚点移至山体正下方，如图 9-9 所示。"山水 2.psd"图层也执行此操作。

步骤 04 单击【时间轴】面板中"山水 1.psd"和"山水 2.psd"图层的【3D 图层】按钮，如图 9-10 所示。

第 9 章　综合案例——《大美中国》片头设计

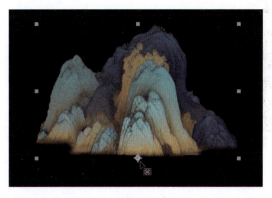

图 9-9　　　　　　　　　　　　　　图 9-10

步骤 05 执行【图层】|【新建】|【摄像机】命令，在弹出的【摄像机设置】对话框中，使用默认设置，单击【确定】按钮，如图 9-11 所示。

步骤 06 在【时间轴】面板的 0:00:00:00 处设置"摄像机 1"的【位置】参数为（640.0，360.0，-3696.4），如图 9-12 所示。

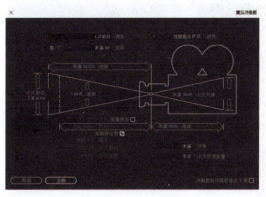

图 9-11　　　　　　　　　　　　　　图 9-12

步骤 07 在【时间轴】面板的 0:00:09:24 处设置"摄像机 1"的【位置】参数为（640.0，360.0，-1244.4），如图 9-13 所示。

步骤 08 按 P 键，打开"山水 1.psd"和"山水 2.psd"的【位置】属性，参照图 9-14 进行调整。

图 9-13　　　　　　　　　　　　　　图 9-14

步骤 09 也可以使用选择工具在【合成】面板中拖动 X 轴或 Z 轴来调整山体的远近效果，如图 9-15 所示。

257

【温馨提示】

在调整群山场景过程中，通过移动 Z 轴，可以控制山体的远近效果；移动 X 轴，可以控制山体的左右位置。但切记不能调整 Y 轴的数值，因为所有山体的 Y 轴数值应保持一致，确保山体在一个水平面上。

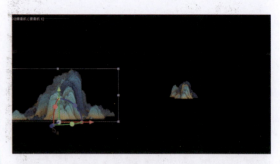

图 9-15

步骤 10 选择"山水 1.psd"图层，按 Ctrl+D 组合键，复制图层。调整复制图层"山水 1.psd"的 X 轴和 Z 轴数值，如图 9-16 所示，表现山体的前后景深关系。

步骤 11 重复步骤 10，将"山水 1.psd"和"山水 2.psd"图层复制多次，并调整 X 轴和 Z 轴数值，如图 9-17 所示。

图 9-16   图 9-17

步骤 12 在【时间轴】面板中，拖动时间线进行预览。在 0:00:00:00 ～ 0:00:09:24 时间范围内拖动，观察【合成】面板中山体的远近关系。使用选择工具在【合成】面板中拖动 X 轴或 Z 轴进行微调，效果如图 9-18 所示。

图 9-18

【温馨提示】

在调整群山动画的过程中，拖动时间线边预览边调整，确保在每一段视频中山体不会相互完全遮挡。为了使素材看起来更丰富，还可以在图层上按 R 键，打开【旋转】属性，将部分图层的【Y 轴旋转】数值调整为 180。

步骤 13　在【时间轴】面板中，将所有的山水素材图层全选（见图 9-19），按 Ctrl+D 组合键，将所有素材全部复制一遍，如图 9-20 所示。

步骤 14　保持步骤 13 复制得到图层的选中状态，选中任意图层的标签颜色，将复制图层的标签颜色改为深绿色，将原图层和重复的图层以不同的标签进行区分，如图 9-21 所示。

图 9-19

图 9-20

图 9-21

步骤 15　打开带深绿色标签图层的【变换】属性，将【X 轴旋转】更改为 0x+180°，【不透明度】更改为 15%，如图 9-22 所示。活动摄像机窗口会出现浅浅的倒影效果，如图 9-23 所示。

步骤 16　为倒影图层添加【高斯模糊】特效，在【效果控件】面板中调整【模糊度】为 6.9，如图 9-24 所示。

图 9-22

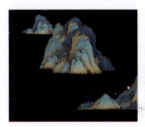
图 9-23

图 9-24

步骤 17 将所有带深绿色标签的图层都重复执行步骤 15 和步骤 16，为所有的山水图层都添加倒影，如图 9-25 所示。

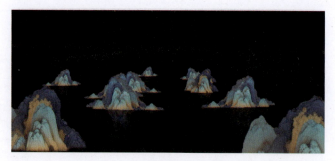

图 9-25

【温馨提示】

如果想要将步骤 15 和步骤 16 所更改的三个参数复制到其他图层上，只需要分别单击这三个参数前的 按钮，得到三个关键帧。在【时间轴】面板中按 U 键，展开图层关键帧属性栏，全选关键帧，按 Ctrl+C 组合键，然后在其他带深绿色标签图层上按 Ctrl+V 组合键，即可快速复制倒影效果。

9.3 制作水波纹理

步骤 01 在【项目】面板的合成"山水镜头"上单击鼠标右键，在弹出的快捷菜单中选择【基于所选项新建合成】命令，如图 9-26 所示。

步骤 02 在【项目】面板中将得到的新合成"山水镜头 2"重命名为"大美中国"，并将【项目】面板中的"水面素材.mp4"拖至【时间轴】面板"山水镜头"图层下方，如图 9-27 所示。

图 9-26

图 9-27

第 9 章 综合案例——《大美中国》片头设计

步骤 03 使用选择工具,移动"水面素材.mp4"的位置,使水平线在群山之上,如图 9-28 所示。

步骤 04 选择"水面素材.mp4"图层,使用矩形工具框选水面部分,在【合成】面板中单击【切换透明网格】按钮 ,如图 9-29 所示。

图 9-28　　　　　　　　　　　　　　图 9-29

步骤 05 将"山水素材.mp4"图层的【蒙版】属性展开,调整【蒙版 1】的【蒙版羽化】值为(36.0,36.0)像素,如图 9-30 所示。

步骤 06 执行【图层】|【新建】|【纯色】命令,在弹出的【纯色设置】对话框中,将【名称】设置为"水波流动",单击【确定】按钮,如图 9-31 所示。

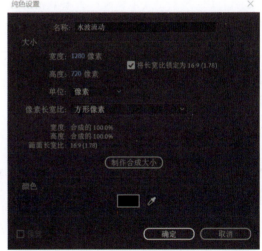

图 9-30　　　　　　　　　　　　　　图 9-31

步骤 07 选择"水波流动"图层,执行【效果】|【杂色和颗粒】|【分形杂色】命令,调整【效果控件】面板的【分形杂色】参数,如图 9-32 所示。

步骤 08 按住 Alt 键单击【分形杂色】下【演化】属性前的 按钮,为演化数值添加表达式"time*100",如图 9-33 所示。编辑完表达式后,单击软件界面中任意空白区域,退出表达式编写状态。

261

步骤 09 选择"水波流动"图层，执行【效果】|【通道】|【转换通道】命令，将【从获取 Alpha】参数更改为【明亮度】，如图 9-34 所示。

步骤 10 执行【效果】|【遮罩】|【简单阻塞工具】命令，调整【阻塞遮罩】为 1.10，如图 9-35 所示。

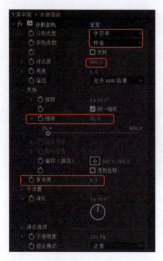

图 9-33

图 9-32　　　　　　　　　图 9-34　　　　　　　　　图 9-35

步骤 11 开启"水波流动"图层的【3D图层】按钮，并打开图层的【变换】选项，调整【缩放】、【位置】、【X 轴旋转】参数，如图 9-36 所示。

步骤 12 将"水波流动"图层拖至"水面素材.mp4"和"山水镜头"图层之间，并将图层【模式】更改为【叠加】，如图 9-37 所示。

图 9-36　　　　　　　　　　　　　图 9-37

步骤 13 按空格键，预览【合成】面板中水波流动效果，如图 9-38 所示。

步骤 14 选择"水面素材.mp4"图层，执行【效果】|【颜色校正】|【三色调】命令，在【效果控件】面板中单击【中间调】右侧的色块，在弹出的拾色器中设置（R：31，G：65，B：68），单击【确定】按钮；单击【阴影】右侧的色块，在弹出的拾色器中设置（R：8，G：31，B：41），单击【确定】按钮，如图 9-39 所示。

图 9-38

图 9-39

步骤 15 在【合成】面板预览水面与山水的颜色关系，使得山水与水面颜色和谐统一，如图 9-40 所示。

图 9-40

9.4 月亮与倒影

步骤 01 将【项目】面板中的"星空背景.jpg"素材拖至合成"大美中国"中，并将画面顶部对齐，如图 9-41 所示。

步骤 02 在【时间轴】面板中，将"星空背景.jpg"图层移至最底层，用水面盖住背景，如图 9-42 所示。

图 9-41

图 9-42

步骤 03 选择"星空背景.jpg"图层，执行【效果】|【颜色校正】|【三色调】命令。在【效果控件】面板中，单击【中间调】右侧的色块，在弹出的拾色器中设置（R：55，G：70，B：74），单击【确定】按钮，如图 9-43 所示。

步骤 04 将【项目】面板中的"圆月素材.jpg"素材拖至合成"大美中国"中，按 S 键，调整月亮大小，如图 9-44 所示。

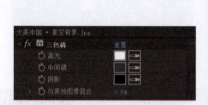

图 9-43　　　　　　　　　　　图 9-44

步骤 05 执行【效果】|【颜色校正】|【三色调】命令。在【效果控件】面板中单击【中间调】右侧的色块，在弹出的拾色器中设置（R：202，G：202，B：202），单击【确定】按钮；单击【阴影】右侧的色块，在弹出的拾色器中设置（R：82，G：92，B：96），单击【确定】按钮，如图 9-45 所示。

步骤 06 执行【效果】|【风格化】|【发光】命令，调整参数如图 9-46 所示。

步骤 07 将【发光】效果移至【三色调】效果上方，如图 9-47 所示。

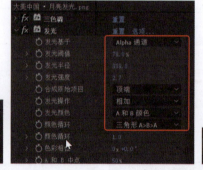

图 9-45　　　　　　　图 9-46　　　　　　　图 9-47

步骤 08 选择"圆月素材.jpg"图层，执行【图层】|【预合成】命令，弹出【预合成】对话框，将【新合成名称】改为"月亮发光"，选中【将所有属性移动到新合成】单选按钮，再单击【确定】按钮，如图 9-48 所示。

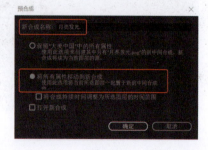

步骤 09 选择"月亮发光"图层，使用矩形工具将水面之上的部分进行框选，将月亮在水面之下的部分遮挡，如图 9-49 所示。

图 9-48

步骤 10 使用椭圆工具在合成中绘制一个长条的椭圆形状图层，如图 9-50 所示。

第 9 章　综合案例——《大美中国》片头设计

图 9-49　　　　　　　　　　　　　　　图 9-50

步骤 11 将椭圆形状图层重命名为"倒影",执行【效果】|【模糊和锐化】|【高斯模糊】命令和【效果】|【扭曲】|【湍流置换】命令,在【效果控件】面板中设置参数,如图 9-51 所示。

步骤 12 按住 Alt 键并单击【湍流置换】效果下【演化】属性前的 按钮,为【演化】数值添加表达式"time*100"(见图 9-52)。编辑完表达式后,单击软件界面中任意空白区域,退出表达式编写状态。

步骤 13 将"倒影"图层移至"月亮发光"和"山水镜头"图层之下,并将图层【模式】改为【叠加】,完成倒影制作,如图 9-53 所示。

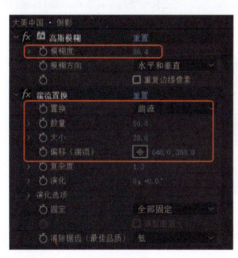

图 9-52

图 9-51　　　　　　　　　　　　　　　图 9-53

9.5　氛围的营造

步骤 01 执行【图层】|【新建】|【纯色】命令,在弹出的【纯色设置】对话框中,设置【名称】为"暗角",并将【颜色】设置为黑色,单击【确定】按钮,如图 9-54 所示。

265

步骤 02 选择【时间轴】面板中的"暗角"图层,双击工具栏中的【椭圆工具】,黑色的纯色图层上将出现一个椭圆蒙版,如图 9-55 所示。

步骤 03 展开"暗角"图层的【蒙版】属性,设置蒙版【模式】为【相减】;更改【蒙版羽化】为(400.0,400.0)像素;设置【蒙版不透明度】为 75%,并将图层【模式】更改为【颜色加深】,如图 9-56 所示。此时画面四个边角会变得更暗,这使得中心位置看起来更加突出(见图 9-57)。

图 9-54

步骤 04 导入素材"大雾.mp4",将其拖至"大美中国"合成中,并放置在图层最上方。将图层【模式】更改为【屏幕】,预览合成,画面有轻微的雾气氛围,如图 9-58 所示。

图 9-55

图 9-56

图 9-57

图 9-58

步骤 05 选择"大雾.mp4"层图,执行【效果】|【颜色校正】|【三色调】命令。在【效果控件】面板中,单击【中间调】右侧的色块,在弹出的拾色器中设置(R: 18, G: 68, B: 95),单击【确定】按钮,画面颜色整体有了统一的色调,如图 9-59 所示。

步骤 06 导入素材"烟.mp4",将其拖至"大美中国"合成中,并放置在图层最上方。将图层【模式】更改为【屏幕】,预览合成,画面中水汽氤氲,如图 9-60 所示。

步骤 07 选择"烟.mp4"图层,执行【效果】|【颜色校正】|【三色调】命令。在【效果控件】面板中,单击【中间调】右侧的色块,在弹出的拾色器中设置(R: 166, G: 219, B: 220),单击【确定】按钮,此时烟雾颜色变为有点浅蓝的环境色,与整个画面氛围更加协调,如图 9-61 所示。

步骤 08 导入素材"飞鸟素材.mov",将其拖至"大美中国"合成中,并放置在图层最上方,如图 9-62 所示。

图 9-59

图 9-60

图 9-61

图 9-62

步骤 09 选择"飞鸟素材.mov"图层,执行【图层】|【变换】|【适合复合】命令,将素材撑满画面,如图 9-63 所示。

步骤 10 将"飞鸟素材.mov"图层的【模式】更改为【相乘】,飞鸟层的白色消除,只留下飞鸟的剪影,如图 9-64 所示。

图 9-63

图 9-64

9.6 合成文字

步骤 01 将素材"大美中国.psd"拖至"大美中国"合成中,并放置在图层最上方,将时间线移至 0:00:09:24 处,并用移动工具调整文字在画面中的位置,如图 9-65 所示。

步骤 02 将时间线移至 0:00:04:13 处,此处是最后的飞鸟从月亮飞出的时刻,如图 9-66 所示。

图 9-65　　　　　　　　　　　　　图 9-66

步骤 03 在【时间轴】面板中,将"大美中国 .psd"图层的起始时间移至 0:00:04:13 处,在此之前不显示文字,如图 9-67 所示。

步骤 04 选择"大美中国 .psd"图层,开启图层的【3D图层】按钮,按 P 键展开图层【位置】属性。将时间线移至 0:00:09:00 处,单击【位置】属性前的 按钮,创建位置关键帧,如图 9-68 所示。

图 9-67　　　　　　　　　　　　　图 9-68

步骤 05 将时间线移至 0:00:04:18 处,调整【位置】参数为(655.0,-30.0,2686.0),如图 9-69 所示。文字移至月亮的中心部分,如图 9-70 所示。

图 9-69　　　　　　　　　　　　　图 9-70

步骤 06 选择"大美中国 .psd"图层,按 Shift+T 组合键展开图层【不透明度】属性。在时间线移至 0:00:04:18 处,单击【不透明度】属性前的 按钮,创建不透明度关键帧,如图 9-71 所示。

步骤 07 将时间线移至 0:00:04:13 处,将"大美中国 .psd"图层的【不透明度】更改为 0%

图 9-71

图 9-72

步骤 08 选择【时间轴】面板中"大美中国 .psd"图层的两个位置关键帧,按 F9 键,将两个关键帧更改为"缓动"状态,如图 9-73 所示。

步骤 09 选择位置关键帧属性,单击【时间轴】面板中的【图表编辑器】按钮 ,进入图表编辑器状态,如图 9-74 所示。

图 9-73　　　　　　　　　　　　　　　图 9-74

步骤 10 拖动曲线两端的控制手柄,将图表编辑器中的曲线调整至图 9-75 所示状态。

步骤 11 将时间线移至 0:00:08:17 处,执行【效果】|【风格化】|【发光】命令,在【效果控件】面板中设置【发光】数值,如图 9-76 所示,并单击【发光半径】前的 按钮,创建关键帧。

步骤 12 将时间线移至 0:00:09:05 处,在【效果控件】面板中将【发光】的参数【发光半径】调整为 32,文字产生外发光效果,如图 9-77 所示。

图 9-75

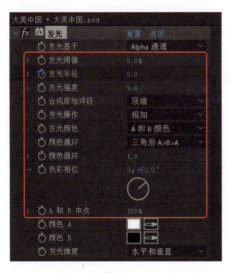
图 9-76

图 9-77

课后项目练习——用 AIGC 创建素材

通过本章的学习，可完成从 AIGC 创建素材到完成片头效果的制作。这是一个完整的片头制作流程，使用现有的素材完成项目与自己创建素材完成项目之间还有很大的学习和思考空间，比如如何举一反三，如何进行应用。通过使用 AIGC 工具创建素材、处理素材以及将素材与画面匹配这些内容都有一定的难度。完成本章练习后，课后通过自己创建素材再完成一遍完整操作，可以更好地掌握片头制作流程。

9.7 教材思政内容分析

在完成《大美中国》的宣传片片头制作后，我们被祖国的壮丽河山和璀璨文化深深震撼。这片土地不仅孕育了五千年的中华文明，更承载着中华民族的伟大梦想和不懈追求。

首先，短片《大美中国》通过青绿山水画的艺术形式，展现了中国的自然风光和地域特色，让我们深刻感受到了祖国山河的壮丽与秀美。这既是对中华传统文化的传承和弘扬，也是对我们文化自信的一次提升。作为新时代的青年，我们应该珍视和传承中华优秀传统文化，坚定文化自信，不断推动中华文化的创新和发展。

其次，短片中的青绿山水画不仅仅是对自然景色的描绘，更是对人与自然和谐共生理念的体现。在画中，我们看到了山水相依、草木葱茏的和谐景象，也感受到了作者对自然的敬畏和热爱。这启示我们要树立生态文明理念，尊重自然、保护自然，推动形成绿色发展方式和生活方式。只有这样，我们才能拥有一个更加美丽、宜居的家园。

最后，短片《大美中国》还蕴含着爱国主义教育的意义。通过欣赏短片中的青绿山水画，我们不仅能够感受到祖国的美丽和伟大，更能够激发我们对祖国的热爱和归属感。作为新时代的青年，我们应该将个人的理想追求与国家的发展进步紧密结合起来，为实现中华民族伟大复兴的中国梦贡献自己的力量。

使用青绿山水画制作的短片《大美中国》不仅让我们领略到了中国传统艺术的独特魅力，更让我们深刻感受到了文化自信、生态文明和爱国主义教育的重要性。让我们以更加饱满的热情和更加坚定的信念，为传承和弘扬中华优秀传统文化、推动生态文明建设、实现中华民族伟大复兴的中国梦而不懈奋斗！

这段课程思政结合了青绿山水画的特点，强调了文化自信、生态文明和爱国主义教育的重要性，旨在引导学生树立正确的价值观和世界观，激发对祖国的热爱和归属感。

第10章

课程设计与实践——将理论转化为实战

内容导读

本章将利用前面所学的知识打造校园里的赛博朋克。通过本章的案例创作，可将理论转化为实战，将色彩校正、合成特效等理论技巧融入创作，让创意在校园光影中绽放赛博魅力。

10.1 课程设计目标与要求

10.1.1 校园里的赛博朋克

本项目旨在利用 Adobe After Effects 软件，结合校园实际场景，创作一部具有鲜明赛博朋克风格的特效短片。通过创意构思、技术实现和后期处理，展现未来科技与旧日校园之间的碰撞与融合，营造出独特的视觉体验。

10.1.2 制作要求

1）主题明确

短片需围绕"校园里的赛博朋克"这一主题展开，通过特效和叙事手法展现赛博朋克文化在校园场景中的体现。

2）创意策划

提交详细的创意策划书，包括故事梗概、场景设定、角色设计、特效构思等。
创意需新颖独特，能够吸引观众注意并引发共鸣。

3）场景选择

选取校园内具有代表性的场景进行拍摄，如教学楼、图书馆、操场、宿舍楼等。
确保场景光线和构图适合后期添加赛博朋克风格的特效。

4）拍摄素材

拍摄高质量的原始素材，包括静态图片和视频片段。
注意捕捉校园内的细节元素，如电线杆、涂鸦、标志性建筑等，作为后期特效的素材。

5）After Effects 特效制作

使用 After Effects 软件对拍摄素材进行后期处理，添加赛博朋克风格的特效。
特效包括但不限于：霓虹灯光、数字纹理、未来感建筑改造、动态模糊、光效等。
确保特效与实拍画面完美融合，无明显穿帮或违和感。

6）色彩校正与分级

对短片进行色彩校正，强化赛博朋克风格的冷色调与霓虹色彩对比。
使用色彩分级工具调整画面氛围，增强视觉冲击力。

7）音效与配乐

为短片选择合适的音效和配乐，以增强沉浸感和代入感。
音效需与画面内容紧密配合，营造出赛博朋克特有的氛围。
配乐需符合短片主题和情感表达，能够激发观众的情感共鸣。

8）剪辑与合成

在 After Effects 或 Premiere Pro 等视频编辑软件中完成短片的剪辑与合成工作。
确保画面流畅、节奏紧凑，符合叙事需求。
整合音效和配乐，调整音频音量和平衡。

9）输出与展示

导出高清视频文件，选择适合的分辨率和编码格式。
准备项目展示材料，如项目报告、演示 PPT 等。
在课程展示或相关活动中展示作品，分享创作经验和成果。

10.1.3 课程目标

1）掌握基础技能

使学生熟练掌握 Adobe After Effects 软件的基本操作界面、项目设置、图层管理、关键帧动画及基础特效应用，为后续复杂特效制作打下坚实基础。

2）理解赛博朋克风格

深入理解赛博朋克文化的视觉特征，包括霓虹色彩、高科技与低生活的对立、数字与现实界限的模糊等，并将这些元素融入到校园场景的特效设计中。

3）创意与实践结合

鼓励学生发挥创意，将赛博朋克元素与校园实际场景（如教学楼、图书馆、操场等）相结合，通过特效设计展现独特的视觉故事或氛围。

4）技术进阶

学习并应用高级特效技术，如 3D 摄像机跟踪、粒子系统、色彩校正与分级、动态模糊与光效等，提升作品的艺术表现力和技术复杂度。

5）团队协作与沟通

通过小组合作项目，培养学生的团队协作能力、项目管理能力和有效沟通能力，共同完成高质量的赛博朋克校园特效短片。

10.1.4　课程要求

1）理论学习与案例分析

完成对赛博朋克文化及视觉风格的深入学习，提交一份研究报告或 PPT 展示。

分析并讨论经典赛博朋克影视作品或广告中的特效应用，总结其创意与技术特点。

2）软件技能掌握

完成 After Effects 基础操作练习，包括界面熟悉、项目设置、图层与关键帧操作等。

通过实操练习，掌握基础特效插件（如 CC 系列）的使用，并能独立完成简单特效制作。

3）创意策划与脚本编写

小组内讨论确定创意方向，编写详细的特效制作脚本，包括场景描述、镜头设计、特效需求等。

提交创意策划书，经教师审核后进入下一制作阶段。

4）特效制作与合成

根据脚本，使用 After Effects 进行校园场景的赛博朋克特效制作，包括但不限于霓虹灯光、数字纹理、未来感建筑改造等。

熟练掌握并使用至少两种高级特效技术（如 3D 摄像机跟踪、粒子系统）于项目中。

完成特效合成，确保画面流畅、色彩协调、氛围营造到位。

5）后期调整与输出

进行色彩校正与分级，增强画面赛博朋克风格的表现力。

添加适当的音效或背景音乐，提升作品的沉浸感。

导出高清视频文件，准备展示与评估。

6）展示与反馈

小组展示最终作品，分享创作过程、遇到的挑战及解决方案。

接受同学与教师的反馈，进行作品反思与改进。

7）课程总结与报告

每位学生提交课程学习总结报告，反思学习过程中的收获与不足，提出未来学习方向。

通过本课程的学习，学生不仅能够掌握 After Effects 高级特效制作技能，还能深入理解并应用赛博朋克文化于视觉创作中，为未来的影视后期、广告制作、数字媒体艺术等工作打下坚实基础。

10.2 设计流程与实践

10.2.1 设计流程

1. 前期准备阶段

1）组建团队与分工

学生根据兴趣和能力自由组队，每队 4-6 人，并明确团队成员的各自职责，如导演/策划、特效师、剪辑师、音效师等。

团队共同讨论并确定项目主题，即如何将赛博朋克元素融入校园场景中。

2）资料收集与调研

收集赛博朋克相关的视觉素材、电影片段、艺术作品等，作为灵感来源。

调研校园实际场景，拍摄或获取必要的校园图片和视频素材。

3）创意策划

基于前期调研，团队进行头脑风暴，确定创意方向和故事线索。

编写详细的创意策划书，包括故事板、镜头设计、特效需求、音乐风格等。

2. 中期制作阶段

1）场景建模与素材准备（如需要）

如果项目涉及复杂的 3D 元素，可使用 Blender 或 Cinema 4D 等软件进行建模和渲染（需要配合其他课程教学）。

准备或定制赛博朋克风格的纹理、图案、字体等素材。

2）After Effects 特效制作

导入校园场景素材至 After Effects 项目中。

使用关键帧和表达式创建基础动画，如摄像机移动、物体位置变化等。

应用赛博朋克风格的特效，如添加霓虹灯光、数字噪点、未来感纹理等。

使用高级特效技术，如 3D 摄像机跟踪（如使用 Camera Tracker 插件）将 3D 元素与实拍场景结合，或利用粒子系统创建复杂的动态效果。

3）色彩校正与分级

调整画面色彩，强化赛博朋克的冷色调与霓虹色彩对比。

使用色彩分级工具增强画面氛围，如增加暗部细节、提高色彩饱和度等。

4）音效与配乐

根据项目需求录制或选择适合的音效，如电子音效、环境声等。

挑选或创作背景音乐，确保与赛博朋克风格相符。

3. 后期整合与输出阶段

1）视频剪辑与合成

在 Premiere Pro 或其他视频编辑软件中，将特效片段与实拍素材进行剪辑拼接。

确保画面流畅、节奏紧凑，符合叙事需求。

整合音效和配乐，调整音频音量和平衡。

2）细节调整与优化

对整个项目进行细节检查，包括色彩一致性、特效过渡、音频质量等。

根据反馈进行必要的修改和优化。

3）导出与发布

导出高清视频文件，选择适合的分辨率和编码格式。

准备项目展示材料，如项目报告、演示 PPT 等。

在课程展示或社交媒体上发布作品，分享创作经验和成果。

4. 评估与反馈

1）同学互评

组织同学之间互相观看作品，并填写评价表，从创意、技术、视觉效果等方面给出反馈。

2）教师点评

教师针对创意策划、技术实现、团队协作等方面对项目进行综合评价，提供具体的改进建议和未来发展方向。

3）自我反思

学生根据反馈进行自我反思，总结学习过程中的收获与不足，明确未来努力方向。

通过以上设计流程与实践，学生将全面掌握赛博朋克风格校园特效的制作技能，并在团队合作中锻炼项目管理、沟通协调和解决问题的能力。

10.2.2 拍摄方案与预期效果

1. 拍摄方案

1）场景选择

精选校园内具有代表性的场景进行拍摄，如教学楼走廊、图书馆内部、操场夜景、校园小道等，确保这些场景能够充分展现赛博朋克风格的对比与冲突。

考虑场景的光影效果，优先选择有自然光或人造光源（如路灯、霓虹灯）照射的区域，以便后期添加特效时更加自然。

2）拍摄设备

使用高清摄像机或专业相机进行拍摄，确保画面清晰度和色彩还原度。

准备稳定器或三脚架，以保证拍摄过程中画面的稳定性。

携带足够的存储卡和电池，以应对长时间拍摄的需求。

3）拍摄角度与构图

采用多种拍摄角度（如低角度、高角度、鸟瞰等）和构图方式（如对称、框架构图等），以丰富画面层次和视觉效果。

特别注意利用校园内的线条、形状和色彩对比，增强画面的赛博朋克风格。

4）光线控制

在自然光不足的情况下，使用补光灯或反光板进行光线补充，确保画面亮度适中。

尝试使用有色灯光或滤镜，营造赛博朋克风格特有的色彩氛围。

5）素材采集

除了主要场景外，还可以拍摄一些细节素材，如校园内的标志性物件、涂鸦、电线杆等，以便后期作为特效元素使用。

录制一些环境音效，如风声、雨声、远处的人声等，为后期音效制作提供素材。

2. 预期效果

1）视觉风格

画面整体呈现冷色调与霓虹色彩的鲜明对比，营造出赛博朋克风格特有的未来感与科技感。

校园场景被赋予新的生命力，通过特效处理展现出一种既熟悉又陌生的视觉效果。

2）情感传达

通过精心设计的镜头语言和画面构图，传达出赛博朋克文化中的反思与批判精神，以及对科技发展与人类生活关系的深刻思考。

激发观众对校园生活的新视角和新感受，引发共鸣和讨论。

3）技术实现

特效制作精细且自然，与实拍画面完美融合，无明显穿帮或违和感。

色彩校正与分级精准到位，强化赛博朋克风格的视觉冲击力。

音效和配乐与画面内容紧密相连，增强整体作品的沉浸感和代入感。

4）创意表达

作品在遵循赛博朋克风格的基础上，融入创作者独特的创意和想象，展现出新颖且富有深度的视觉效果。

通过校园场景的重新诠释和特效处理，创造出一种全新的视觉叙事方式，让观众在欣赏过程中获得新的思考和启发。

10.2.3　运用 AIGC 创建赛博朋克元素

对于不太了解赛博朋克风格的同学，可以提前在网络上搜索相关的图片进行参考，也可以通过 AIGC 创建参考图，提取参考图中的赛博朋克元素，来辅助制作。

相关设置如下。

（1）正向提示词输入：Cyberlane,driveway,garbage bag,(blue_neon:1.45),no one,library,motor vehicle,blur,closed door,Student Street。

（2）反向提示词输入：NSFW,(worst quality:2),(low quality:2),(normal quality:2),lowres,watermark,deformed,circle,nsfw。

（3）Stable Diffusion 模型：AWPainting_v1.4.safetensors。

（4）采样（Sampler）：DPM++ 2M Karras。

（5）相关性（CFG scale）：7。

（6）步数（Steps）：30。

（7）图片尺寸：900 px × 450 px。

（8）LoRA：【CyberPunk】赛博后街 _ 小巷 _V1.0。

在 Stable Diffusion 中提示词输入区域进行描述和添加，并设置参数，如图 10-1 所示。注意，不同的 LoRA 模型是有不同触发词的，本次案例示范的 LoRA 触发词是 Cyberlane。

可以尝试换不同的提示词，来生成更多的参考图，如图 10-2 所示。

图 10-1　　　　　　　　　　　图 10-2

同时可以尝试用图生图功能，如拍摄校园照片后，用 Stable Diffusion 进行图生图重绘，辅助短片视频素材的制作。

准备或定制赛博朋克风格的纹理、图案、字体等素材。

10.3 课程设计总结与反思

1. 课程设计总结

本次《校园里的赛博朋克》课程设计旨在通过理论与实践相结合的方式，使学生掌握 After Effects 在影视特效制作中的核心技能，并能够通过创意与实践将赛博朋克风格融入校园场景中，创作出具有独特视觉风格的短片作品。

- 目标明确，内容充实：课程设计之初就明确了学习目标，掌握 After Effects 的基础操作、高级特效技巧以及项目管理与团队协作的能力。
- 注重实践，强化技能：实践是检验真理的唯一标准，因此在课程设计中特别注重实践操作。通过项目式学习的方式，让学生在真实的工作环境中锻炼技能，提高解决问题的能力。同时，我们还为学生提供了充足的实践机会和素材资源，确保他们能够充分发挥创意，制作出高质量的作品。
- 鼓励创新，激发潜能：赛博朋克是一种充满想象与创意的文化现象，为学员提供了广阔的创作空间。在课程设计中，我们鼓励学生大胆尝试、勇于创新，将个人风格与赛博朋克元素相结合，创作出独具特色的作品。通过这种方式，不仅能激发学生的潜能和创造力，也能提升他们的自信心和成就感。

2. 课程反思

虽然本次课程设计取得了显著成效，但仍存在一些不足之处，值得我们进一步反思和改进。

- 时间管理需加强：在项目实践阶段，部分学生因时间管理不当导致作品进度滞后。未来在课程设计中，应更加注重时间管理的培训和指导，帮助学生合理规划时间、提高工作效率。
- 个体差异需关注：由于学生的背景和能力存在差异，部分学员在课程学习中遇到了较大困难。为了确保每位学生都能跟上课程进度并取得良好成绩，我们应更加关注个体差异，提供个性化的辅导和支持。
- 反馈机制需完善：在课程实施过程中，我们虽然建立了反馈机制，但仍有部分学生未能充分利用这一机制提出问题和建议。未来我们应进一步完善反馈机制，鼓励学生积极反馈并及时解决他们的问题和困惑。

综上所述，《校园里的赛博朋克》课程设计在取得一定成效的同时也存在一些不足之处。未来我们将继续总结经验教训、不断完善课程设计、提高教学质量和效果，为更多学生提供优质的学习体验和发展机会。

10.4 课程思政

在《校园里的赛博朋克》课程设计中,我们不仅仅聚焦于After Effects技术的学习与掌握,更将课程思政融入教学的每一个环节,旨在培养学员的创新精神、人文素养和社会责任感。

首先,通过创作校园赛博朋克特效短片,学生不仅学会了如何将科技与艺术相结合,创造出令人惊叹的视觉作品,更在创作过程中深刻体会到了创意与想象的力量。我们鼓励学生勇于挑战传统、敢于创新,不断突破自我边界,这既是对个人潜能的挖掘,也是对社会进步的推动。

同时,课程还注重引导学生关注校园文化、社会现象及人类未来等深层次议题。在创作过程中,学生需要思考如何将赛博朋克风格与校园文化相结合,如何通过短片表达自己对社会的观察与思考。这一过程不仅加深了学生对校园文化的认同感和归属感,也培养了他们的社会责任感和人文关怀精神。

此外,我们还强调团队协作与沟通的重要性。在项目实践中,学生需要共同讨论创意、分工合作、相互支持,这不仅能够提升他们的团队协作能力,还能够增进彼此之间的友谊和信任。通过这一过程,学生学会了如何在团队中发挥自己的优势、尊重他人的意见、共同解决问题,这将是他们未来职业生涯中宝贵的财富。

总之,《校园里的赛博朋克》课程不仅是一门技术课程,更是一门思政课程。我们希望通过这门课程的学习,能够培养出一批既有扎实技术功底、又有深厚人文素养和社会责任感的优秀人才,为社会的繁荣与发展贡献自己的力量。